Untersuchungen zur Anwendbarkeit Ruthenium-basierter Schichten für die Verdrahtung integrierter Schaltkreise

Dipl. Ing. Henry Wojcik

Untersuchungen zur Anwendbarkeit Ruthenium-basierter Schichten für die Verdrahtung integrierter Schaltkreise

genehmigte Dissertation

zur Erlangung des akademischen Grades Doktoringenieur (Dr.-Ing.)

Technische Universität Dresden
Fakultät Elektrotechnik und Informationstechnik

eingereicht von

Dipl. Ing. Henry Wojcik
geboren am 23. Januar 1980 in Dresden

Vorsitzende der Promotionskommission:
apl. Prof. Dr.-Ing. habil. Renate Merker
Gutachter:
Prof. Dr. rer. nat. Johann W. Bartha, Technische Universität Dresden
Prof. Dr.-Ing. Stefan E. Schulz, Technische Universität Chemnitz (Fraunhofer ENAS)

Tag der Einreichung: 17. April 2012
Tag der Verteidigung: 21. September 2012

Bibliografische Information der Deutschen Nationalbibliothek
Die Deutsche Nationalbibliothek verzeichnet diese Publikation in der
Deutschen Nationalbibliografie; detaillierte bibliografische Daten
sind im Internet über http://dnb.d-nb.de abrufbar.

Henry Wojcik
Untersuchungen zur Anwendbarkeit Ruthenium-basierter Schichten
für die Verdrahtung integrierter Schaltkreise

Berlin: Pro BUSINESS 2013

ISBN 978-3-86386-962-5

1. Auflage 2013

Kurzfassung

Die vorliegende Arbeit widmet sich einer Problemstellung, welche in Cu-Damaszenstrukturen mit einer Verjüngung der Cu-Leitbahnen auf weniger als 50 nm einhergeht, dadurch gekennzeichnet, dass das konventionelle Dreischichtsystem TaN/Ta/Cu an die Grenzen seiner Skalierbarkeit und Elektromigrationsbeständigkeit stößt. Ziel der Arbeit ist das Finden einer Alternative zu TaN/Ta/Cu. Der hier verfolgte Lösungsansatz besteht in der Verwendung von Ru-basierten Schichten als neuartige Cu-Diffusionsbarriere-, Haftvermittler- und Cu-Keimschicht, sowohl auf PVD- als auch auf ALD-Basis. Neben elementaren Ru-Schichten werden verschiedene Mischschichten entwickelt und charakterisiert, die beigemischte Elemente wie Ta, W, Mn, N und C enthalten. Die in der Dissertation dargelegten Untersuchungen bewerten verschiedene Ru-(Misch)Schichten hinsichtlich ihrer Eignung als Cu-/O_2-Diffusionsbarriere, Haftvermittler und/oder Keimschicht für die galvanische Cu-Beschichtung, bzw. die Abscheideverfahren hinsichtlich ihrer Schichteigenschaften und Wechselwirkung mit unterliegenden Schichten in Cu-Metallisierungen. Dabei werden sowohl analytische Methoden wie TEM, XPS, ToF-SIMS etc. angewandt, als auch elektrische Verfahren wie BTS und TVS. Abschließend erfolgt eine Einschätzung zum Anwendungspotential der Ru-Schichten, mit Blick auf wesentliche Qualitätsmerkmale eines Barriere-/ Haftvermittler-/ Keimschichtsystems für die Cu-Verdrahtung moderner integrierter Schaltkreise.

Abstract

The present work is dedicated to a problem statement that comes along with the reduction of Cu line widths in damascene structures to less than 50 nm, characterized by the conventional three layer system TaN/Ta/Cu which approaches the limits of its scalability and electromigration resistance. The paradigm pursued here involves the application of ruthenium based thin films as an innovative Cu diffusion barrier, adhesive agent and/or Cu seed layer, deposited either by PVD or ALD. Alongside elemental Ru films, Ru composites are also being developed and characterized which contain one or more of the elements Ta, W, Mn, N and C as dopants. The research outlined in this PhD thesis evaluate different Ru composites in regard to their suitability as Cu/O_2 diffusion barriers, adhesive agents and/or seed (germinative) layers for galvanic Cu deposition, as well as diverse deposition techniques in respect to their resulting film properties and interaction with underlying layers in Cu metallization. For this purpose, analytical methods like TEM, XPS, ToF-SIMS, etc., as well as electrical techniques are used. The thesis concludes with an appraisal of the application potential of Ru based films, with a focus on the fundamental quality characteristics of a barrier/ adhesive agent/ seed layer system intended for use in modern integrated circuits.

Inhaltsverzeichnis

Symbolverzeichnis

γ_X	chemischer Aktivitätskoeffizient des Elements X
μ	chemisches Potential eines Stoffes
Θ	Theta, Einfallswinkel bei röntgenographischen Messungen
R_S	Schichtwiderstand
Al	chemisches Element Aluminium
Ar	chemisches Element Argon
C	chemisches Element Kohlenstoff
Cu	chemisches Element Kupfer
E	elektrische Feldstärke
F	chemisches Element Fluor, auch: Triebkraft
H	chemisches Element Wasserstoff
Mn	chemisches Element Mangan
N	chemisches Element Stickstoff
O	chemisches Element Sauerstoff
p	Druck
RC	Widerstands-Kapazitäts-Produkt
Ru	chemisches Element Ruthenium
Si	chemisches Element Silizium
Ta(N)	chemisches Element Tantal(nitrid)
W	chemisches Element Wolfram

Abkürzungsverzeichnis

AES	Augerelektronen-Spektroskopie
AFM	Rasterkraftmikroskopie, engl. „atomic force microscopy"
ASIC	Anwendungsspezifischer integrierter Schaltkreis, engl. „application specific IC"
BE	Bauelement
BEoL	Back end of line
at.-%	Atomprozent
BTS	Bias-Temperatur-Stress
CMP	Chemisch-mechanisches Planarisieren
ECD	elektrochemische Abscheidung, engl. „electrochemical deposition"
HAADF-STEM	Dunkelfeld-Transmissionselektronen-Spektroskopie
HRTEM	hochauflösende Transmissionselektronen-Mikroskopie,
	engl. „high resolution transmission electron microscopy"
EELS	Elektronenenergieverlustspektroskopie, engl. „electron energy loss spectroscopy"
EDX	Energiedispersive Röntgenspektroskopie,
	engl. „energy dispersive X-ray spectroscopy"
EM	Elektromigration
EMA	Mischschichtmodell für die Ellipsometrie,
	engl. „effective medium approximation"
ERDA	Elastische Rückstreudetektionsanalyse,
	engl. „elastic recoil detection analysis"
FSG	Fluorsilikatglass, CVD-Oxid
iPVD	ionisierte PVD
low-κ	Isolator mit niedriger Dielektrizitätskonstante (< 3.9)

MIS	Metall-Isolator-Halbleiter
n. a.	nicht analysiert
n. b.	nicht bestimmbar
PDMAT	Pentakis-Dimethylamin-Tantal
PEALD	plasmagestützte Atomlagenabscheidung,
	engl. „plasma enhanced atomic layer deposition"
PECVD	plasmagestützte chemische Gasphasenabscheidung,
	engl. „plasma enhanced chemical vapor deposition"
pULK	poröses Dielektrikum mit sehr niedriger Dielektrizitätszahl
PVD	physikalische Gasphasenabscheidung,
	engl. „physical vapor deposition"
RBS	Rutherford-Rückstreu-Spektrometrie,
	engl. „Rutherford backscattering spectrometry "
RIE	reaktives Ionenätzen
$RuEtcp_2$	bis-ethyl-cyclo-pentadienyl-Ruthenium
TBTDET	tertiäres butylimid-tri(dimethylamin)-Tantal
TDDB	Time-Dependent Dielectric Breakdown
TEM	Transmissionselektronen-Mikroskopie
TEOS	tetra-ethyl-ortho-Silikat(-Glas), CVD-SiO_2
ToFSIMS	flugzeitaufgelöste Sekundärionen-Massenspektrometrie,
	engl. „time of flight secondary ion mass spectrometry"
TVS	Dreiecksspannungsmethode, engl. „triangular voltage sweep"
TZDB	Time-Zero Dielectric Breakdown, auch „E-ramp-Verfahren"
ULK	ultra-low-κ, poröses Dielektrikum
XPS	Röntgen-Photoelektronen-Spektroskopie,
	engl. „x-ray photoelectron spectroscopy"
XRD	Röntgenbeugung, engl. „x-ray diffraction"

1 Einführung

1.1 Miniaturisierung elektronischer Schaltungen

Der Begriff Mikroelektronik leitet sich ab von „mikro" (griech. klein) und „Elektronik" (*Elektronen-Technik*). Er steht für die Anordnung von elektrischen Schaltungen auf kleinster Fläche (i. A. < 1 cm^2), dadurch gekennzeichnet, dass die einzelnen Komponenten dieser Schaltungen - Transistoren, Dioden, Widerstände, Kapazitäten (die sog. Bauelemente) - Abmessungen unterhalb von nur wenigen Mikrometern aufweisen (fünfzig Mikrometer entsprechen in etwa der Dicke eines menschlichen Haares). Heute werden Bauelemente (BE) sogar im Nanometerbereich gefertigt, sodass man zurecht bereits von „Nano"-Elektronik sprechen kann. Erreicht wird diese Dichte, indem alle Bauelemente aus dem gleichen Material - Silizium - heraus realisiert und daher gemeinsam auf einem Substrat, dem sog. „Chip" (engl. Schnipsel) vereinigt werden können. Im Gegensatz zu Leiterplatten, auf denen Schaltungen mit Hilfe von einzelnen aufgelöteten Bauelementen gebildet sind (i. d. R. weniger als 10 BE / cm^2), spricht man deshalb auch von integrierten Schaltungen („IC", > 1.000.000.000 BE / cm^2 mgl.). Anwendungen wie Laptops, USB-Sticks, Digitalkameras oder Mobiltelefone, aber auch z. B. Motorsteuerungssysteme, Antischlupfregelungen und Navigationsgeräte in Kraftfahrzeugen wären technisch nicht möglich ohne diese „Kleinst"-Elektronik in Form integrierter Schaltkreise.

Es ist leicht einzusehen, dass in der stetigen Verkleinerung der Bauelemente (der sog. „Miniaturisierung") das enorme Entwicklungspotential der Mikroelektronik liegen musste und bis heute liegt. Je kleiner die einzelnen Basiselemente auf dem Chip sind, desto höher ist die mögliche Gesamtzahl der Elemente einer Schaltung, und umso höher ist deren Funktionalität. Umgekehrt lässt sich durch die Miniaturisierung ein Schaltkreis mit unveränderter Transistorzahl kostengünstiger herstellen, weil bei Nutzung einer neueren Technologie (z. B. „32 nm" statt „45 nm") bedeutend weniger Chipfläche benötigt wird. Auch die mögliche Rechengeschwindigkeit (Taktfrequenz) erhöhte sich über Jahrzehnte hinweg infolge der Miniaturisierung, weil die zurückzulegende Wegstrecke für Elektronen - geschwindigkeitsbestimmend war bisher im Wesentlichen die Kanallänge des Transistors im Silizium - stetig abnahm.

Für lange Zeit bot sich für die Minaturisierung von ICs ein Spielraum zur proportionalen Verkleinerung der Strukturen (der sog. „Skalierung") bzw. der Verbesserung der Chip-Performance, ohne dass die verwendeten Technologien und Materialien wesentlich verändert werden mussten. Erst zum Ende der 1990er Jahre erhöhte sich die Komplexität der Halbleiterfertigung hinsichtlich der eingesetzten Prozesse und Materialien erheblich, sowohl auf Transistorniveau als auch auf Verdrahtungsebene. Die im Zuge der Miniaturisierung eingebrachten Innovationen ermöglichten in erster Linie die Vervielfachung der Rechenleistung integrierter Schaltungen bei nahezu identischem Energieverbrauch. Dieser Trend hält - getrieben von mobilen Anwendungen - bis heute an und ist umso dringlicher, je stärker mit der Miniaturisierung einhergehende Herausforderungen hinsichtlich der Zuverlässigeit integrierter Schaltkreise in Erscheinung treten. Die vorliegende Arbeit konzentriert sich dabei auf Herausforderungen im Bereich der sogenannten Chip„verdrahtung".

Alle Bauelemente (BE) auf dem Chip benötigen metallische Verbindungen, Chipverdrahtung genannt. Die wenigen äußeren Anschlüsse des Chips müssen im Inneren des ICs auf bis zu 1 Milliarde von BE-Kontakten aufgefächert werden. Erreicht wird dies durch einen stockwerkartigen Aufbau der Chipverdrahtung, wobei die Leiterbahnen immer schmaler und feinverteilter ausfallen, je näher sie sich bei den BE befinden. Die dafür gebräuchliche Bezeichnung „Interconnects" rührt von der Verbindung übereinander geschichteter Metallisierungsebenen her, die jeweils durch ein Zwischenebenendielektrikum voneinander isoliert werden; eine Durchkontaktierung zwischen zwei Metallisierungsebenen wird „Via" genannt.

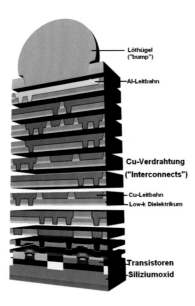

Abbildung 1.1: Schematische Darstellung eines modernen integrierten Schaltkreises mit Transistoren und deren Verdrahtung in Cu-Technologie, den sog. „Cu-Interconnects". Mit freundlicher Genehmigung von I. Seifert.

1.2 Technologie der Chipverdrahtung - Cu-Damaszenprozess

Moderne integrierte Schaltkreise (Prozessoren und anwendungsspezifische Schaltkreise („ASICs")) werden in Kupfertechnologie gefertigt, die aufgrund der Materialeigenschaften des Kupfers (Cu) einen äußerst geringen elektrischen Widerstand sowie eine hohe Stromtragfähigkeit der Leitbahnen mit sich bringt. Der geringe Widerstand der Leitbahn ist erforderlich, um die Verlustleistung und die Verzögerungszeiten des Chips so gering wie möglich zu halten. Die hohe Stromtragfähigkeit von Cu zielt auf das Phänomen der Elektromigration (EM), welches für das Ausfallverhalten integrierter Schaltungen von zentraler Bedeutung ist [112]. Aufgrund der technologischen Prozessfolge im sog. „Damaszen"-Prozess, insbesondere durch das chemisch-mechanische Planarisieren (CMP), bietet die Cu-Technologie auch eine hohe Planarität der Leitbahnen - eine zwingende Voraussetzung dafür, dass kleinste Strukturen mittels der Photolithographie von der Maske auf den Wafer übertragen werden können, da die Tiefenschärfe während des Belichtungsvorgangs nur wenige zehn Nanometer beträgt.

Abb. 1.2 zeigt die technologische Abfolge des Cu-Damaszenprozesses. Die Herstellung einer Metallisierungsebene beginnt mit dem Aufbringen einer Isolatorschicht, i. d. R. einem low-κ Dielektrikum, mittels chemischer Gasphasenabscheidung (CVD, siehe Abschnitt 2.3.3). Unter Verwendung einer Lackmaske werden danach durch reaktives Ionenätzen (RIE) Gräben und Vias in das Dielektrikum geätzt. Nach Öffnen der Vias und Reinigungssputtern mit Argon (Ar) werden eine Cu-Diffusionsbarriere aus Tantalnitrid (TaN), eine Haftvermittlerschicht aus Tantal (Ta), sowie eine Cu-Keimschicht für die anschließende Cu-Galvanik mittels ionisierender Sputterverfahren („iPVD", siehe Abschnitt 2.3.1) gebildet. Die vollständige Füllung der Leitbahnen mit Cu wird nass- bzw. elektrochemisch durchgeführt und als Cu-Galvanik bezeichnet, siehe Abschnitt 2.3.4. Dabei wird eine besondere Form der Cu-Galvanik angewendet, bei der das Füllen der Strukturen überwiegend vom Lochboden nach oben hin (wie ein ansteigender Wasserspegel) erfolgt, „Superfill" genannt [71, 72]. Schließlich wird durch CMP überschüssiges Materials an Cu, Ta und TaN die Metallisierungsebene planarisiert. Die Fertigung der nächsthöheren Ebene beginnt dann erneut mit der Abscheidung dielektrischer Deck- und Isolatorschichten. Der Wafer durchläuft den Damaszenprozess wiederholt bis zum Erreichen der obersten Metallisierungsebene.

Die vorliegende Arbeit zielt auf die Herstellung von Barriere-, Haftvermittler- und Cu-Keimschicht. Wichtige Aufgaben bzw. Qualitätsmerkmale eines idealen Barriere-/ Haftvermittler-/ Keimschichtsystems werden detailliert im Grundlagenteil mit Blick auf ausgewählte Ausfallmechanismen herausgearbeitet. Im Wesentlichen sollen hier genannt werden:

1. Verhindern von Cu-Diffusion und Cu-Felddrift

2. Wirksamkeit gegen O_2-Interdiffusion

3. gute Haftung der Barriereschicht auf dem Isolator
    Diese Aufgaben erfüllt aktuell eine TaN-Schicht (Barriereschicht).

4. exzellente Benetzung von Cu auf der Barriere-/Haftvermittlerschicht
    Diese Aufgabe wird bislang durch Einfügen einer Ta-Schicht (Haftvermittler) zwischen Barriere und Cu-Keimschicht gelöst.

5. Eignung zur direkten galvanischen Cu-Beschichtung
    Hierzu wird klassischerweise eine Keimschicht aus Kupfer abgeschieden.

6. hohe Elektromigrationsbeständigkeit
    Hierzu ist eine gute Grenzflächenhaftung bzw. Benetzung zwischen Haftvermittler und Cu-Keimschicht erforderlich (etwa Ta-Cu).

Im Einzelnen leiten sich daraus weitere Anforderungen ab, z. B. eine hohe thermische bzw. (thermo)-mechanische Stabilität und ein geringer effektiver spezifischer elektrischer Widerstand des Schichtsy-

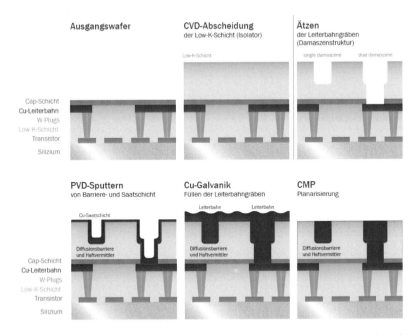

Abbildung 1.2: Abfolge der Cu-Damaszentechnologie für die Verdrahtung eines modernen integrierten Schaltkreises (BEoL) [36]. Die vorliegende Arbeit zielt auf die Herstellung von Barriere-, Haftvermittler- und Cu-Keimschicht.

stems (Definition: spezifischer Widerstand eines Modellmaterials, welches das Volumen des gesamten Schichtsystems bzw. der gesamten Leitbahn einnimmt), sowie die Möglichkeit der konformen und defektarmen Abscheidung der Schichten auf Niedrig-ϵ-Dielektrika (sog. low-κ-Schichten), beispielsweise mit plasmagestützter chemischer Abscheidung aus der Dampfphase (PECVD) oder plasmagestützter Atomlagenabscheidung (PEALD).

1.3 Problemstellung und Ziel der Arbeit

Mit der kontinuierlichen Verkleinerung der Cu-Damaszenstrukturen muss das klassische Dreischichtsystem TaN/Ta/Cu ebenfalls in seiner Gesamtdicke reduziert werden. Z. B. wird die Dicke der Cu-Keimschicht stetig verringert, um das Abschnüren am Eingang der Strukturen während der Cu-Galvanik zu verhindern. Das System TaN/Ta/Cu ist jedoch nicht beliebig skalierbar, weil jede Einzelschicht eine Mindestdicke aufweisen muss, um ihre Funktion zuverlässig zu erfüllen. Die theoretisch erreichbare minimale Schichtdicke z. B. für die Cu-Diffusionsbarriere auf der Basis von TaN beträgt ca. 1 nm [10]. Die für eine hohe Zuverlässigkeit bzw. hohe Fertigungsausbeute praktisch realisierbare Schichtdicke ist jedoch größer, weil einerseits die Nichtkonformität der (Sputter-)Abscheidung Schwankungen der

Schichtdicke befürchten lässt, mithin ein Unterschreiten den Barrierendicke von 1 nm, andererseits in der Schicht vorhandene Defekte (z. B. Oxidation, Löcher) nahezu in der Größenordnung der Schichtdicke liegen würden. Beides kann lokal zu einer fehlerhaften Barriereschicht führen - und sich letztlich im Ausfall des gesamten Schaltkreises niederschlagen. Es gilt der Grundsatz: Je dicker die Einzelschicht, desto sicherer erfüllt sie ihre spezifische Funktion. Diese Regel steht im Widerspruch zur Skalierung des Barriere-Keimschicht-Systems, die mit der Verkleinerung der Strukturen verbunden ist.

Um kleinste Strukturen mit anspruchsvollen Aspektverhältnissen möglichst konform zu beschichten, d. h. um eine vollständige Auskleidung der Strukturen mit Barriere-, Haftvermittler- und Keimschichtmaterial zu erreichen, ist das dafür standardmäßig genutzte Verfahren der iPVD während der letzten Jahre zwar kontinuierlich weiterentwickelt worden (siehe Abschn. 2.3.1), dennoch ist die Nichtkonformität der Sputter-Abscheidung mit der Verkleinerung der Strukturen zunehmend kritisch für die Cu-Galvanik, siehe Abb. 1.3: Weil die Ta-basierten Schichten keine unterstützende Wirkung für die Cu-Galvanik haben, besteht für Leitbahnweiten < 50 nm u. U. ein Dilemma: Einerseits muss die Cu-Keimschicht eine Mindestdicke aufweisen, um einen kontinuierlichen Strompfad für die Cu-Galvanik bereitzustellen und eine den zuverlässigen Betrieb des Schaltkreises gefährdende Oxidation der Ta-basierten Barriere- und Haftvermittlerschichten zu verhindern. Diese Mindestdicke wird an den Seitenwänden auf ca. 5 nm geschätzt, was etwa 30 nm im Feldgebiet entspricht [142]. Andererseits darf die Dicke der Cu-Keimschicht im Feldgebiet aufgrund des Cu-Überhangs maximal 30 nm betragen, um eine Abschnürung der Cu-Leitbahnen bzw. der Durchkontaktierungen im Bereich der Öffnung zu unterbinden, da sonst ebenfalls Hohlräume in der Leitbahn entstehen können [142]. Diese beiden miteinander unvereinbaren Forderungen, sowie eine mögliche Entnetzung der dünnen Cu-Keimschicht stellen Herausforderungen für das Füllen insbesondere von sub-30 nm-Strukturen mit Cu dar, sofern das klassische System TaN/Ta/Cu zum Einsatz kommt.

Ziel der vorliegenden Arbeit ist daher das Finden einer Alternative zum klassischen Schichtsystem TaN/Ta/Cu. Dabei werden zwei Lösungsansätze verfolgt: die Entwicklung eines Materialsystems, welches als kompakte Einzelschicht mehrere oder alle Funktionen des Barriere-Haftvermittler-Keimschicht-Systems in sich vereint, sowie die Verbesserung der Konformität der Schichtabscheidung. Es wird z. T. auch eine Kombination beider Ansätze untersucht.

Die Verbesserung der Konformität der Schichtabscheidung soll mit Hilfe alternativer Beschichtungsverfahren, wie ALD- bzw. CVD-Prozessen, erzielt werden. Die Entwicklung eines neuartigen Materialsystems führt in dieser Arbeit auf das Element Ruthenium (Ru) bzw. auf Ru-basierte Schichten, die beigemischte Fremdatome beinhalten und dadurch Veränderungen der Schichteigenschaften erfahren, die für die Chipverdrahtung vorteilhaft sind.

Die oben genannten Qualitätsmerkmale (Anforderungen) eines Barriere-/ Haftvermittler-/ Cu-Keimschicht-Systems stellen ein Grundgerüst für den systematischen Vergleich verschiedener Materialsysteme und Abscheideverfahren hinsichtlich ihrer Eignung für Cu-Leitbahnen bzw. für den Cu-Damaszenprozess dar. Die in der Dissertation dargelegten Untersuchungen sollen vor allem Ru-basierte Schichtsysteme mit Blick auf diese Kriterien bewerten.

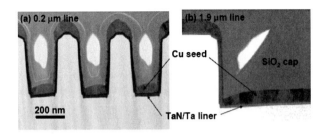

Abbildung 1.3: Transmissionselektronenmikroskopische (TEM-)Aufnahme eines klassischen iPVD
TaN-Barriere-, Ta-Haftvermittler- und Cu-Keimschicht-Systems [33]
a) in einem 0,2 μm weiten Graben, b) 2 μm weiten Graben.
Die typischerweise mit der Verkleinerung von Cu-Damaszenstrukturen einhergehende
Reduzierung der Cu-Keimschichtdicke wird - aufgrund der Nichtkonformität der Sputter-
Abscheidung - mit der Verkleinerung der Strukturen zunehmend kritisch für die gal-
vanische Füllung der Strukturen mit Cu: Im oberen Bereich der Öffnung kann es zur
Abschnürung des Grabens kommen („zu dicke Cu-Keimschicht"), an den unteren Sei-
tenwänden besteht die Gefahr der Hohlraumbildung und Oxidation des Ta („zu dünne"
Cu-Keimschicht, vgl. Abb. 3.1). Darüber hinaus besteht die Gefahr einer Entnetzung der
Cu-Keimschicht.
Ziel der Arbeit ist das Finden einer Alternative zu TaN/Ta/Cu.

2 Grundlagen

2.1 Ausfallerscheinungen des Barriere-/Haftvermittler-/Keimschicht-Systems

2.1.1 Triebkräfte für einen Stofftransport und den Ablauf chemischer Reaktionen

Die Degradation einer Cu-Leitbahn oder des die Leitbahn umgebenden Isolators liegt i. d. R. in unerwünschten Materialbewegungen (Stofftransport) und / oder chemischen Reaktionen begründet. Wesentliche Triebkräfte dafür sind:

1. ein Gradient im chemischen Potential μ (allgemein)

2. ein Gradient mechanischer Spannungen

3. ein Gradient im elektrischen Potential

4. hohe Stromdichten ($< 10^5$ A/cm^2)

5. erhöhte Temperaturen (Potentialkraft)

Das chemische Potential μ eines Stoffes ist ein Mass für sein Bestreben, mit anderen Stoffen eine chemische Reaktion einzugehen, eine Phasenumwandlung zu vollziehen, oder sich im Raum durch thermische Eigenbewegung der Teilchen umzuverteilen (siehe Definition „Diffusion", folgender Abschnitt). Die Verdrahtung integrierter Schaltkreise, im Wesentlichen (i. W.) aus einer wechselnden Abfolge von Cu-Leitbahn und Isolator (SiO_2 oder SiCOH) bestehend, erzeugt einen Konzentrationsgradienten des Cu, der z. B. einen Spezialfall des Gradienten im chemischen Potential darstellt.

Mechanische Spannungen können sowohl von der Schichtabscheidung herrühren, als auch von unterschiedlichen thermischen Ausdehnungskoeffizienten während Aufheiz- oder Abkühlvorgängen verursacht werden.

Gradienten im elektrischen Potential (elektrische Felder) entstehen, wenn benachbarte Cu-Leitbahnen auf unterschiedlichem Potential („high"- und „low"-Pegel) liegen.

Hohe Stromdichten ergeben sich durch den geringen Leitungsquerschnitt (z. T. nur einige hundert nm^2) in Chipverdrahtungen. Selbst kleine Ströme, d. h. absolut betrachtet wenige mA, erzeugen hier extrem hohe Stromdichten in der Größenordnung von MA/cm^2.

Erhöhte Temperaturen stellen als Bestandteil der inneren Energie U des Systems häufig eine indirekte Triebkraft dar (sog. Potentialkraft, und bewirken z. B. eine exponentielle Temperaturabhängigkeit der

Tabelle 2.1: In Cu-Metallisierungen auftretende Triebkräfte für einen Stofftransport und ablaufende chemische Reaktionen, sowie deren typische Auswirkungen (Ausfallerscheinungen)

Triebkraft	Auswirkung (Ausfallerscheinung)
Gradient im chemischen Potential	Cu-Diffusion + O_2-Diffusion (*Durch*mischung, sog. „Bergab-Diffusion")
	chemische Reaktionen, z. B. $Cu + Si \Rightarrow Cu_3Si$ (Silizid-bildung), $Ta + O \Rightarrow Ta_2O_5$ (Oxidation der Barriere)
	Segregation (*Ent*mischung, sog. „Bergauf-Diffusion") *positiv genutzt*: Cu-Mn-Keimschichten
Gradient mechanischer Spannungen	Stress-induziertes Hohlraumwachstum (engl. SIV)
	Deformation der Schicht, Schaffen von Diffusionswegen
	Abplatzen von Schichten
Gradient im elektrischen Potential	Cu-Felddrift
hohe Stromdichten	Elektromigration
hohe Temperaturen	Beschleunigung obiger Prozesse, häufig exponentiell

Diffusion). Sie treten sowohl noch während der Fertigung auf (z. B. während nachfolgender Beschichtungsprozesse), als auch im späteren des Betriebs des ICs, währenddessen dieser sich auf bis zu 125 °C
erhitzen kann.

Obwohl sich alle Triebkräfte separat beschreiben und in ihren Auswirkungen charakterisieren lassen, ist
in Anbetracht der geringen Abmessungen in modernen Damaszenstrukturen eine Überlagerung wahrscheinlich, und damit auch ein kollektives Ausfallverhalten. Beispielsweise kann die Diffusionsbarriere
aufgrund thermomechanischer Spannungen zum Isolator hin oder am Viaboden aufgeweitet werden, und
dadurch Cu-Diffusion oder Cu-EM ermöglichen bzw. beschleunigen. Tabelle 2.1 fasst wichtige Ausfallerscheinungen in Cu-Damaszenstrukturen als Folge der auftretenden Belastungen und Triebkräfte
zusammen. Letztere können teilweise auch positive Auswirkungen haben, die sich gezielt nutzen lassen.

2.1.2 Cu-Diffusion

„Der Elementarvorgang der Diffusion in Festkörpern ist ein durch thermische Fluktuation bedingter
Platzwechsel von Atomen, Ionen oder niedermolekularen Bestandteilen, der um so häufiger auftritt, je
höher die Temperatur ist. Wenn die aus der thermischen Anregung resultierende Schwingungsenergie
genügend groß ist, können Bausteine aus ihrer durch das Gleichgewicht der Bindungskräfte bedingten
Potentialmulde herausschwingen und einen benachbarten Platz einnehmen" [137]. Cu-Diffusion ist also
der allgemein von einem Gradienten im chemischen Potential (z. B. infolge mechanischer Spannungen,
Konzentrationsgradienten oder elektrischer Felder) herrührende Platzwechsel von Cu-Atomen, beschleunigt durch Temperaturbelastungen (siehe voriger Abschnitt). Im Rahmen der Barriereuntersuchungen in
dieser Arbeit wird vor allem Cu-Diffusion in das die Leitbahn umgebende Medium hinein betrachtet.
Aus Abb. 2.1 geht hervor, dass die Diffusion von Cu im Gegensatz zu vielen anderen Metallen bereits

bei moderaten Temperaturen in Si beträchtlich ist, da der Komponenten-Diffusionskoeffizient für Cu im Si um mehrere Größenordnungen höher ist. Ohne Verwendung einer geeigneten Cu-Diffusionsbarriere kann Cu-Diffusion sowohl noch während der Fertigung (z. B. bei nachfolgenden Beschichtungsprozessen, siehe Abb. 2.2), als auch im regulären Betrieb des Schaltkreises erfolgen. Eine umfangreiche Zusammenfassung der Literatur zur Cu-Diffusion in Si bzw. SiO_2 geben Hübner und Reinicke [41, 99].

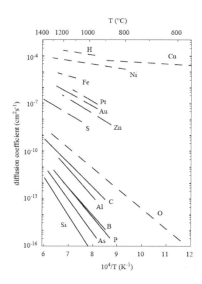

Abbildung 2.1: Komponenten-Diffusionskoeffizienten einiger Elemente im Si als Funktion der Temperatur. Der Diffusionskoeffizient von Cu in Si ist um mehrere Größenordnungen höher als bei einer Vielzahl anderer Metalle [9].

2.1.3 Cu-Felddrift

Unter Cu-Felddrift wird hier die durch ein elektrisches Feld initiierte Bewegung von Cu-Ionen in das die Cu-Leitbahn umgebende Dielektrikum hinein verstanden. Ein integrierter Schaltkreis wird mit Hilfe elektrischer Spannungen betrieben, z. B. den Versorgungsspannungen für Treiberendstufen, Ladungspumpen etc.. Liegen nun benachbarte Cu-Leitbahnen auf unterschiedlichem Potential, so bildet sich ein elektrisches Feld aus, das eine Triebkraft für die Felddrift von Cu darstellt, siehe Abb. 2.3. Da beim Betrieb der Schaltungen i. d. R. gleichzeitig auch erhöhte Temperaturen auftreten, spricht man von Bias-Temperatur-Stress (BTS).

Die im Folgenden dargestellten zahlenmäßigen Parameter der Cu-Felddrift - die Dauer der Belastung durch ein elektrisches Feld t_{BTS}, die dabei auftretende Temperatur T_{BTS} sowie die Höhe der angelegten elektrische Feldstärke E_{BTS} - sind u. a. in einer Diplomarbeit von D. Lehninger gewonnen worden [67]. Abb. 2.4 verdeutlicht das Vorhandensein eines linearen Zusammenhangs zwischen t_{BTS} und n_{Cu}, d. h.

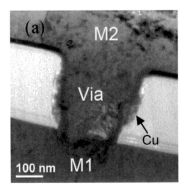 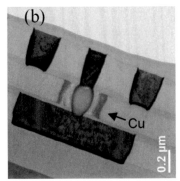

Abbildung 2.2: TEM-Aufnahme einer Cu-Leitbahn nach Cu-Ausdiffusion [3].
    a) Nach thermischer Auslagerung in Vakuum bei 350 °C für eine Woche.
    b) Nach thermischer Auslagerung in Luft bei 250 °C für 60 h.
    Ausgehend von der Cu-Leitbahn gelangte Cu durch eine oxidierte Ta-Barriere (vgl. Abb.
    2.3b)) in das poröse low-κ Dielektrikum hinein.

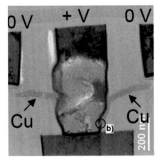 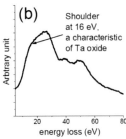

Abbildung 2.3: Linkes Bild: TEM-Aufnahme eines degradierten Cu-Via infolge Cu-Felddrift durch ei-
    ne oxidierte Ta-Barriereschicht in das umgebende low-κ-Dielektrikum. (BTS erfolgte in
    Vakuum bei 350 °C, 1,5 MV/cm).
    Rechtes Bild: Elektronenenergieverlustspektroskopie (EELS)-Spektrum im Bereich
    niedriger Energieverluste, aufgenommen an der Stelle b) im linken Bild. Die Schulter
    bei 16 eV ist charakteristisch für Ta-Oxid [3].

eines nahezu konstanten Materialstroms. Hierbei wurde eine Cu-Elektrode auf einem SiO_2/ Si- Schicht-system mit einem BTS beaufschlagt und anschließend die in das SiO_2 diffundierte Cu-Menge bestimmt. Je länger die Felddrift anhält, desto mehr Cu-Ionen gelangen proportional in den Isolator, ein hinreichend großes Reservoir an Cu vorausgesetzt. Dies begünstigt den direkten Vergleich unterschiedlich guter Barriereschichten, die zwischen der Cu-Schicht und dem SiO_2 eingefügt werden können in dem Sinne, dass eine Extrapolation der gedrifteten Cu-Menge auf eine einheitliche BTS-Dauer möglich ist. Dies ist vor allem dann von Vorteil, wenn Teststrukturen frühzeitig auszufallen drohen und ein vorzeitiger Abbruch der Belastung erforderlich wird. Abb. 2.5 stellt die Menge an gedrifteten Cu-Ionen (n_{Cu}) dar, die während einer BTS-Dauer von 5 min eine Querschnittsfläche von 1 cm^2 in ein thermisches Oxid hinein passiert haben, in Abhängigkeit a) der Feldstärke und b) der auftretenden Temperatur. Es wurden jeweils exponentielle Abhängigkeiten für die Drift von Cu-Ionen gefunden - was bisher allgemein angenommen, aber noch nicht quantitativ nachgewiesen wurde.

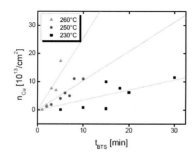

Abbildung 2.4: Infolge BTS in ein thermisches Oxid gedriftete Menge an Cu-Ionen (n_{Cu}), bezogen auf eine Querschnittsfläche von 1 cm^2, in Abhängigkeit der BTS-Dauer für eine Feldstärke von 1,7 MV/cm und verschiedene Temperaturen [67]. Es besteht ein linearer Zusammenhang zwischen n_{Cu} und t_{BTS}.

2.1.4 Auswirkungen von Cu-Diffusion und Cu-Felddrift

Cu-Diffusion und Cu-Felddrift bewirken eine Kontamination des Isolators bzw. des Siliziums, was sich in starker Degradation oder sogar dem totalen Ausfall des Schaltkreises niederschlägt: Der Leckstrom des Isolators steigt infolge von Cu-Kontamination auf ein unzulässig hohes Niveau, dargestellt in Abb. 2.6. Damit verbunden ist eine erhebliche Abnahme der Durchbruchsfeldstärke bzw. der mittleren TDDB-Ausfallzeit [149]. Im Silizium können sich ferner Cu-Präzipitate oder Cu_3Si-Verbindungen bilden, die buchstäblich zum Bersten des Chips führen können, wie in Abb. 2.7 gezeigt. Eine sorgfältige Zusammenstellung von in Verbindung mit Cu-Diffusion beobachteten Phänomenen findet sich in [99].

2.1.5 O_2-Diffusion, Oxidation der Barriere oder der Cu-Leitbahn

Das Vorhandensein von Sauerstoff in der unmittelbaren Umgebung der Cu-Leitbahnen kann sowohl zur Oxidation der Barriere als auch zur Oxidation des Cu führen. Beides kann den frühzeitigen Ausfall des

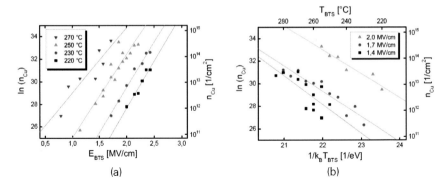

Abbildung 2.5: Menge an gedrifteten Cu-Ionen (n_{Cu}), die eine Querschnittsfläche von 1 cm^2 während
einer BTS-Dauer von 5 min in ein thermisches Oxid hinein passiert haben, in Abhängigkeit
a) der Feldstärke und
b) der auftretenden Temperatur. Es wurden exponentielle Abhängigkeiten gefunden [67].

integrierten Schaltkreises bewirken:

1. durch beschleunigte Cu-Diffusion,

2. durch einen drastisch erhöhten Via-Widerstand oder

3. durch verstärkte Elektromigration.

Willis et al. [124] sowie Baek et al. [3] haben Cu-Diffusion und Cu-Felddrift vornehmlich in Gegenwart von Sauerstoff nachgewiesen. Abb. 2.8a) zeigt das SIMS-Tiefenprofil einer MOS-Kapazität nach
Stress bei +5 V und 300 °C in Vakuum, Abb. 2.8b) den zugehörigen Strom-Zeit-Verlauf während des
BTS. Das Cu-Signal in Abb. 2.8a) lag unterhalb der Nachweisgrenze der SIMS-Messung, d. h. es war
offensichtlich kein Cu infolge BTS in das Dielektrikum gelangt, resultierend in einer typischen I(t)-
„Badewannenkurve", die keinerlei Leckstromerhöhung aufgrund von Cu-Drift zeigte. Im Gegensatz dazu
wurde eine Probe mit identischem Schichtaufbau in Sauerstoff gelagert, bis das Cu vollständig oxidiert
war, und danach ebenso bei +5 V und 300 °C unter N_2-Spülung gestresst. Der entsprechende Strom-
Zeit-Verlauf ist in Abb. 2.8c) dargestellt (oberste Kurve): infolge Cu-Drift bei Anwesenheit von O_2 bzw.
Cu-Oxid lag der stationäre Leckstrom um 3 Größenordnungen höher als in der Vakuumprobe, d. h. bei
Abwesenheit von O_2.

Mit der Einführung von (porösen) low-κ-Dielektrika tritt jedoch eine weitere Sauerstoff-Quelle in unmit-
telbarer Nähe zur Cu-Leitbahn auf. In diesem Fall kann Sauerstoff durch die die Cu-Leitbahn umgebende
Diffusionsbarriere hindurch an das Cu gelangen. Verfolgen lässt sich der Diffusionsprozess sehr gut anhand der Erhöhung des Cu-Via-Widerstandes, hervorgerufen durch eine sukzessive Oxidation der Barriere am Boden der Cu-Via (proportional $\sqrt{t}$, vergleichbar diffusionskontrolliertem Wachstum von thermischem SiO_2), die elektrisch gesehen in Reihe mit dem Widerstand der Cu-Leitbahn liegt. Aufgrund seiner hohen Affinität zum Sauerstoff (hohe negative Bindungsenthalpie von Ta_2O_5) oxidiert z. B. Ta leicht
in Gegenwart von O_2 oder H_2O. Sein Oxid ist hochohmig und beeinflusst den Via-Kontaktwiderstand

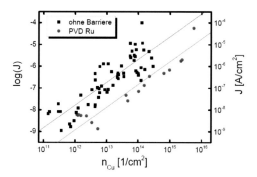

Abbildung 2.6: Leckstromdichte (J) eines thermischen SiO_2 in Abhängigkeit der durch BTS injizierten Cu-Menge (n_{Cu}) im Dielektrikum. (@ 1 MV/cm, T = 250 °C)[67]

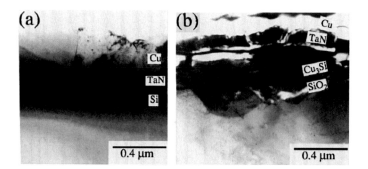

Abbildung 2.7: TEM-Aufnahme eines Chipquerschnitts mit dem Schichtstapel Si/CVD TaN (120 nm)/Cu nach thermischer Auslagerung
a) bei 550 °C
b) bei 600 °C. Der Chip berstet infolge Cu_3Si-Bildung [116].

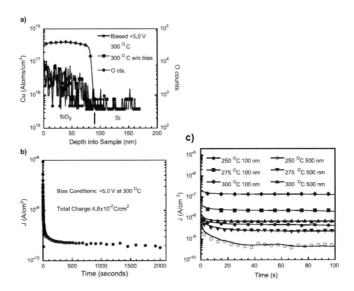

Abbildung 2.8: a) Sekundärionenmassenspektroskopie (SIMS)-Tiefenprofil einer in *Vakuum* gestressten MOS-Kapazität (Cu / 100 nm TEOS SiO_2 / n-Si). Das O_2-Signal markiert den Übergang SiO_2 / Si. Cu war innerhalb der Nachweisgrenze der Messmethode nicht nachweisbar.
b) Zugehöriger Stromdichte-Zeit-Verlauf während des BTS-Experiments. Keine Erhöhung des Leckstroms infolge Cu-Drift.
c) Strom-Zeit-Verläufe u. a. von Cu / 100 nm TEOS SiO_2 / n-Si MOS-Kapazitäten während des BTS-Experiments nach *Oxidation* der Proben. Der Leckstrom lag infolge Cu-Drift um ca. drei Größenordnungen höher (vgl. oberste Kurve in c) mit b)) [124].

dementsprechend stark. (Außerdem könnte Cu-Oxid entstehen, das ebenfalls hochohmig ist). Wie aus
Abb. 2.9a) hervorgeht, war die Erhöhung des Kontaktwiderstandes in einem Cu/low-κ-Chip während
der thermischen Auslagerung an Luft zwar vergleichsweise am höchsten (Kurve (i)), bei Temperung in
Vakuum jedoch nur um ca. 30 % vermindert (Kurve (ii)) und noch immer deutlich ausgeprägter als bei
Verwendung eines konventionellen, dichten SiO_2 (Kurve (iii)), das keinen Sauerstoff speichert. TaN ist
wesentlich stabiler gegenüber O_2-Eindiffusion als Ta, siehe Abschnitt 4.1.2, es bildet lediglich einen
dünnen Oxidfilm (ca. 1,5 nm) und gilt daher als gute O_2-Barriere - solange die TaN-Schichtdicke wesentlich größer ist als die Oxiddicke. Verringert sich die Dicke der TaN-Barriere im Zuge der Skalierung
bzw. aufgrund der Inhomogenität der Sputterabscheidung in die Größenordnung von ca. 1,5 nm, so ist
auch sie von der Oxidation in ihrer Funktion gefährdet. Die industriell verwendete Ta(N)-Barriere enthält nur wenig N. Abb. 2.3 zeigt, wie Cu infolge BTS in SiCOH hinein driftet ist, ausgehend von
einem lokalen Defekt in der Barriereschicht. Eine EELS-Analyse ergab eindeutig, dass an der Stelle des
Defekts die TaN-Barriere oxidiert war, und dies obwohl in Vakuum gestresst wurde. Noch gravierender
verhielt es sich in der Umgebung eines porösen Dielektrikums, dort gelangte Cu sogar ohne Anwesenheit elektrischer Felder in den Isolator hinein, siehe Abb. 2.2. Aus dem low-κ-Dielektrikum ausgasender
Sauerstoff stellt also eine erhebliche und schwer zu eliminierende Gefahr für die Zuverlässigkeit der
Chipverdrahtung dar.

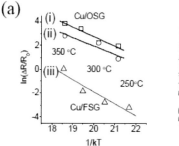 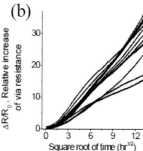

Abbildung 2.9: a) Relativer Anstieg des Cu-Via-Widerstandes nach thermischer Auslagerung bei 325 °C
für eine Woche in (i) Cu / SiCOH getempert an Luft, (ii) Cu / SiCOH getempert in
Vakuum, (iii) Cu / FSG getempert in Luft.
b) Relativer Anstieg des Via-Widerstandes als Funktion von $\sqrt{t}$ für Cu / SiCOH während
Temperung an Luft (diffusionsbestimmter Prozess) [3].

2.1.6 Voidbildung

Eine zu dicke oder nicht zusammenhängende Cu-Keimschicht kann zur Bildung von Hohlräumen während des Cu-Platings führen. Wie eingangs beschrieben, muss mit der kontinuierlichen Verkleinerung der
Cu-Damaszenstrukturen die Dicke der Cu-Keimschicht verringert werden, um das Abschnüren am Eingang der Strukturen während des Cu-Plating zu verhindern. Die strikte Forderung, dass ein geschlossener
Cu-Film auf der Ta-Haftvermittlerschicht gebildet werden muss, bedingt jedoch aufgrund der beschränk-
ten Konformität der iPVD eine minimale Cu-Schichtdicke von 30-40 nm, gemessen im Feldgebiet. Wur-

de z. B. für sub-100 nm-Strukturen eine Cu-Keimschichtdicke von 40 nm im Feldgebiet verwendet, so wurden während der electrochemischen Abscheidung (ECD) von Kupfer Hohlräume im Bereich der oberen Öffnung beobachtet [142]. Eine 100 nm-Struktur mit TaN/Ta und nur 10 nm Cu-Keimschicht konnte hingegen ebenfalls nicht vollständig gefüllt werden aufgrund der fehlenden Kontaktierung am Grabenboden [142] (siehe Abb. 3.1a).

Die Temperung nach der Cu-ECD stellt im Zusammenhang mit porösen low-κ-Dielektrika eine zunehmende Herausforderung dar [145]. Der bedeutende Unterschied der thermischen Ausdehnungskoeffizienten von Cu und porösem ultra-low-κ Dielektrikum(pULK) bewirkt das Einbringen von Stress während der Temperung in die Cu-Leitbahn. Es wird vermutet, dass dieser Stress innerhalb von Strukturen größer ist als in Cu oberhalb der Strukturen (sog. „overburden"), was zu einem Massetransport in Richtung des Cu oberhalb der Strukturen führt (vgl. Abschnitt 2.1.1) und letztlich eine Hohlraumbildung während der Abkühlphase provoziert . Eine Erhöhung der Auslagerungstemperatur nach der Cu-ECD von typischerweise 100 °C auf 250-300 °C würde durch Erhöhung der mittleren Cu-Korngröße helfen, den Leitbahnwiderstand weiter abzusenken und die EM-Stabilität zu erhöhen (weniger Korngrenzen). Um der Gefahr der Voidbildung entgegenzuwirken, wurde von Yang et al. die Abscheidung einer TaN-Schicht als sog. „stress liner" auf dem Cu vorgeschlagen. Denkbar wäre aber auch eine neuartige Haftvermittlerschicht, die durch erhöhte Grenzflächenhaftung zum Cu das stressinduzierte Hohlraumwachstum (SIV) abmindern könnte.

Auch durch Elektromigration kann die Bildung von Hohlräumen ausgelöst werden. Bisher dominierte die EM entlang der dielektrischen Deckschicht (sog. „cap"-Schicht), weil dort die schwächste Benetzung / Grenzflächenhaftung auftrat. Wie neuere Veröffentlichungen belegen, verlagern Cu-Mn-Keimschichten und Co-W-P-Deckschichten die Schwachstelle für den EM-bedingten Ausfall jedoch in Richtung der Grenzfläche zu Barriere und Haftvermittler [20]. Abbildung 2.10 zeigt die TEM-Aufnahme je eines Cu-Vias nach EM-bedingtem Ausfall der Damaszenstruktur mit TaN/Ta-Barriere und CoWP-Deckschicht, bzw. mit TaN/Ta-Barriere und einer Cu-Mn-Keimschicht. Der charakterisitsche Ausfallort in den gezeigten Strukturen war das Via, die Schwachstelle für die EM jeweils die Grenzfläche zur Barriere-/Haftvermittlerschicht. Hu et al. [39] bestätigten die höhere EM-Lebensdauer von Leitbahnen mit CoWP-Deckschicht gegenüber Leitbahnen mit Ta(N)-Deckschicht quantitativ.

2.1.7 Cu-Entnetzung

Insbesondere dünne Cu-Keimschichten (vgl. Abschn. 1.3) neigen aufgrund des Bestrebens, die innere Energie zu minimieren, dazu inselförmig zu agglomerieren, u. U. bereits bei Raumtemperatur. Dieser Vorgang beruht u. a. auf Oberflächendiffusion und wird auch als Entnetzung bezeichnet. In Damaszenstrukturen ist die Gefahr der Entnetzung aufgrund konkaver Ecken besonders groß. Für die galvanische Beschichtung wird jedoch eine zusammenhängende Cu-Keimschicht benötigt (vgl. voriger Abschnitt), da sonst Hohlräume entstehen können, die den Widerstand der Leitbahn erhöhen und den EM-bedingten Ausfall des ICs beschleunigen. Die Entnetzung einer wenige nm dünnen Cu-Keimschicht auf dem Weg von der Sputterkammer zum Cu-Plating oder von einem ersten galvanischen Bad in ein zweites Bad (z. B. bei direkter galvanischer Beschichtung auf einer alternativen Keimschicht *nicht* aus Cu) muss verhindert

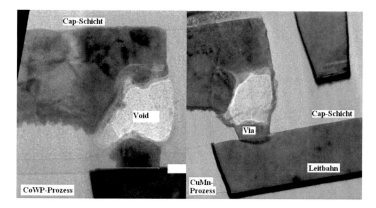

Abbildung 2.10: TEM-Aufnahme eines Cu-Vias nach EM-bedingtem Ausfall [20].
Links: Damaszenstruktur mit TaN/Ta-Barriere und CoWP-Deckschicht
Rechts: Damaszenstruktur mit TaN/Ta-Barriere und Cu-Mn-Keimschicht.
Der EM-bedingte Ausfall verlagerte sich im Gegensatz zu bisherigen Strukturen (EM
dominierte im Bereich der dielektrischen „Cap-Schicht") hin zu den Cu-Vias. Die EM-
Schwachstelle war in beiden Fällen die Grenzfläche zu TaN/Ta.

werden, d. h. neuartige Barriere-/Haftvermittlerschichten sollten eine gegenüber TaN/Ta verbesserte Cu-
Benetzung aufweisen.

Auch die Grenzflächenhaftung korreliert mit dem Benetzungsverhalten: Ein Abplatzen der Cu-Schicht
entlang einer Grenzfläche droht i. d. R. immer dann, wenn ein schlechtes Benetzungsverhalten von Cu
auf dem Untergrund bzw. der angrenzenden Schicht vorliegt [74].

2.1.8 Zusammenhang zwischen EM und Cu-Benetzungsverhalten

Der Zusammenhang zwischen dem Cu-Benetzungsverhalten auf einer Barriere-/Haftvermittlerschicht
und der EM entlang dieser Grenzfläche spielt in dieser Arbeit eine wichtige Rolle. Das EM-Verhalten eines Metallisierungssystems ist ein sehr wichtiges Qualitätsmerkmal, aufgrund der Mehrebenenteststruk-
tur und zeitintensiven Versuche zur Erhebung einer Statistik jedoch nur sehr aufwendig zu untersuchen.
Lloyd et al. [74] konnten einen Zusammenhang zwischen Grenzflächenhaftung und EM hergestellt,
Vanypre et al. [119] haben gezeigt, dass das Cu-Benetzungsverhalten direkt mit dem Cu-EM-Verhalten
korreliert. In Abb. 2.11 (links) sind REM-Aufnahmen von Cu-Keimschichten auf unterschiedlichen Barriereschichten nach Temperung dargestellt, sowie die zugehörigen EM-Ausfallzeiten (rechts). Auf ALD-
TaNC ist das Cu nach einer Wärmebehandlung vollständig entnetzt, dies entsprach einer kurzen EM-
Lebensdauer im parallelen Experiment. Auf PVD TaN war nach analoger Wärmebehandlung keine Entnetzung erkennbar, resultierend in einer weitaus höheren EM-Lebensdauer. Das Cu-Benetzungsverhalten
ist demnach ein guter Indikator für das EM-Verhalten eines Barriere-/Haftvermittler-/Keimschichtsystems.

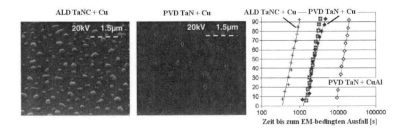

Abbildung 2.11: REM-Aufnahmen von Cu-Keimschichten auf unterschiedlichen Barriereschichten nach Temperung (links), sowie zugehörige kumulierte Anteile ausgefallener Proben durch EM (rechts) [119]. Es besteht ein Zusammenhang zwischen Cu-Benetzungsverhalten und EM-bedingter Ausfallzeit.

2.2 Konzepte zur Vermeidung von Cu-Diffusion

2.2.1 Allgemeine Betrachtungen

Streng genommen kann Cu-Diffusion nicht vermieden, sondern nur verzögert werden. Wie in den Abschnitten zuvor beschrieben, strebt eine Schichtung von Cu / SiO_2 bzw. von Cu / Si ([103]) auf lange Sicht in den Zustand der gegenseitigen Vermischung von Cu mit SiO_2 oder Si bzw. der gegenseitigen Reaktion zu Cu_3Si. Jegliches Konzept zur „Vermeidung von Cu-Diffusion" zielt also im Grunde nur auf eine Verzögerung des Eintretens des thermodynamischen Gleichgewichts während einer bestimmten Lebensdauer. Aus Abb. 4.4 in Kap. 4.1 geht z. B. hervor, dass selbst bei Verwendung der industriell verwendeten TaN-Barriere eine Cu-Drift einsetzt, wenn die Beanspruchungen durch Temperatur und elektrisches Feld nur groß genug sind. Im Allgemeinen wird eine Lebensdauer von 10 Jahren unter Betriebsbedingungen angestrebt. Erreicht werden kann die Erhöhung der thermischen Stabilität:

1. durch Verzögerung der Durchmischung von Cu und Si bzw. von Cu und SiO_2,

2. durch die Verzögerung von Reaktionen des Cu oder Si mit dem Barrierematerial bzw. durch Verzögerung von Reaktionen von Cu mit Si zu Cu_3Si.

Es existieren verschiedene Konzepte zur Behinderung der Cu-Diffusion in Dünnschichtmetallisierungen, die alle den Ansätzen 1.) bzw. 2.) folgen, z. B. der Einsatz von laut Phasendiagramm unmischbaren Schichtsystemen, einkristallinen bzw. amorphen Schichten, „Senken" bzw. Opferschichten, „verstopften" Barriereschichten, Komposit-Barriereschichten, selbstformierenden Barriereschichten sowie gänzlich barrierelosen Cu-Metallisierungen. Einige davon sollen hier vorgestellt werden.

2.2.2 Unmischbare Systeme, elementare Barrieren

Die Unmischbarkeit eines Materials X mit den Elementen Cu und Si stellt eine wichtige Grundvoraussetzung bei der Betrachtung potentieller Cu-Diffusionsbarrieren dar, weil die zu erwartende gegenseitige Durchdringung Si-X bzw. Cu-X (Volumendiffusion) dann sehr klein ist und auch keine Reaktionen der

Elemente miteinander, bzw. keine intermetallischen Verbindungen auftreten. Ruthenium z. B. erfüllt diese Bedingung, neben weiteren Kriterien, siehe Abschnitt 3.1. Einschlägige Experimente zur Diffusion in Metallisierungen haben jedoch gezeigt, dass Unmischbarkeit kein hinreichendes Kriterium für eine gute Barrierewirkung ist, weil strukturelle Defekte, insbesondere Korngrenzen, schnelle Diffusionswege darstellen und somit die durch Unmischbarkeit unterdrückte Volumendiffusion eines Materialsystems Cu-X quasi „kurzschließen". Eine Klassifizierung von Defekten bzw. ihrer Diffusionskoeffizienten gibt Beke [7]. Campisano et al. haben für das Schichtsystem Cu-Pb, welches praktisch keine gegenseitige Mischbarkeit aufweist, den Effekt der Korngrenzendiffusion nachgewiesen [11]. In einem ersten Experiment wurde ein Schichtstapel Pb (Korngröße ca. 200 nm) / Cu (Korngröße ca. 10 nm) abgeschieden, thermisch ausgelagert und analytisch mittels Tiefenprofilmessung untersucht, siehe Abb. 2.12a). Das Pb hatte Cu nahezu vollständig durchdrungen, währenddessen die Konzentration von Cu in Pb unterhalb der Nachweisgrenze blieb. In einem zweiten Experiment wurde ein Schichtstapel Pb (Korngröße ca. 200 nm) / Cu (Korngröße ca. 30 μm) abgeschieden, thermisch ausgelagert und ebenso analytisch mittels Tiefenprofilmessung untersucht, siehe Abb. 2.12b). In diesem Fall hatte Cu das Pb vollständig durchdrungen, währenddessen die Konzentration von Pb in Cu unterhalb der Nachweisgrenze blieb. In einem System von im Grunde nicht mischbaren Elementen erfolgte also eine Diffusion, und dies stets in Richtung des feinkörnigeren Materials über die Korngrenzen. Es finden sich weitere Beispiele für dieses Verhalten, etwa Cr/Cu oder Bi/Cu [83].

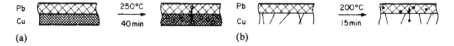

Abbildung 2.12: In einem Schichtsystem aus gegenseitig unmischbaren Elementen wie Cu-Pb tritt aufgrund struktureller Defekte dennoch Diffusion auf. Dabei bestimmt die relative Korngröße die dominante sich bewegende Spezies: Diffusion erfolgt stets in Richtung des feinkörnigeren Materials aufgrund der höheren Anzahl von Korngrenzen [83], S. 419.

Um auch die Korngrenzendiffusion zu behindern, existieren mehrere Möglichkeiten, etwa die Herstellung von einkristallinen oder amorphen Schichten (beide weisen idealerweise keinerlei Korngrenzen auf), sowie das Verstopfen von Korngrenzen mit einem weiteren Element.

2.2.3 Einkristalline und amorphe Barrieren

Wenn also die Korngrenzendiffusion der dominierende Mechanismus bei der Vermischung von Festkörpern ist, so erscheint die Verwendung von Schichten naheliegend, die keinerlei Korngrenzen aufweisen, um eine Durchmischung zu unterbinden. Eine Möglichkeit dafür stellen einkristalline Schichtsysteme dar. Die Herstellung einkristalliner Schichten ist jedoch mit hohem technischen Aufwand verbunden und für Cu-Barriereschichten bislang praktisch nicht relevant. Es existieren nichtsdestotrotz einige Veröffentlichungen, die belegen, dass dieser Ansatz durchaus eine potentielle Variante darstellt, da selbst mischbare Systeme im Falle einer einkristallinen Schichtung keine gegenseitige Interdiffusion aufwiesen. Zum Beispiel haben Kirsch et al. Dünnschichtsysteme aus Au/Ag in polykristalliner und einkristalliner Form auf Interdiffusion im Zuge thermischer Auslagerung hin untersucht und festgestellt, dass bei einkristallinen Schichten die gegenseitige Diffusion unterhalb der Nachweisgrenze ihrer analytischen Methoden lag, im Gegensatz dazu bei polykristalliner Schichtung jedoch eine deutliche Durchmischung auftrat, (siehe Abb. 2.13).

Der konträre Fall zum Einkristall ist die völlige Ungeordnetheit der atomaren Struktur einer Schicht, mit-

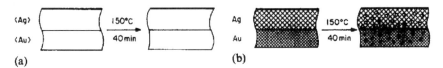

Abbildung 2.13: a) Eine einkristalline Doppelschicht aus Gold und Silber widersteht der Durchmischung
    aufgrund von Diffusion während thermischer Auslagerung bei 150 °C für 40 min trotz
    der Tatsache, dass für Au und Ag gegenseitige Festkörperlöslichkeit besteht.
    b) Die gleiche Au/Ag-Doppelschicht in polykristalliner Form vermischt sich während
    der analogen thermischen Behandlung, d. h. Au und Ag sind zunehmend in der jeweils
    anderen Schicht gelöst ([83], S. 422).

hin das Fehlen jeglicher Kristalle bzw. Korngrenzen. Dieser Zustand wird allgemein als amorph bezeichnet. Metallische Schichten lassen sich amorph herstellen, wobei die Amorphisierung auf unterschiedliche Arten erreicht werden kann: entweder durch Unterdrückung der Kristallisation durch zulegierte Elemente innerhalb einer Mischschicht - dies wird bei einigen Ru-Kompositen näher betrachtet werden, etwa bei PEALD-Ru-TaNC-Schichten - oder durch Unterbrechung einer Schicht durch Zwischenschichten - dies wird bei einigen Ru-Nanolaminaten der Fall sein, etwa bei PVD-Ru-Ta(N)-Schichten. Ebenso ist das nachträgliche Zerstören der Kristallstruktur durch „ion milling" möglich, also durch Beschuss einer Schicht mit Ionen ohne Materialabtrag. An dieser Stelle soll ferner auf die Bedeutung dielektrischer, zumeist glasartiger Barriereschichten eingegangen werden, da ihre Verwendung als Zwischenebenenisolator verlockend erscheint in dem Sinne, dass u. U. gar keine metallische Barriere gegen Cu-Diffusion mehr erforderlich wäre. Cohen et al. [27] und Raghavan et al. [98] haben verschiedene Isolatoren auf ihr Cu-Drift-Verhalten hin untersucht und gezeigt, dass sich z. B. SiN-Schichten und auch MSQ-Schichten (Methylsilsesquioxan) vielversprechend verhalten. Beide Schichtarten spielen in der Chipfertigung bereits eine wichtige Rolle (z. B. SiNC als Deckschicht der Cu-Leitbahn). Einem Einsatz als dielektrische amorphe Barriere auch innerhalb der Damaszenstruktur spricht ihr relativ hoher κ-Wert entgegen und die Tatsache, dass Cu schlecht auf diesen Schichten haftet, d. h. wahrscheinlich ein Haftvermittler oder ein Cu-Komposit erforderlich wären (siehe Abschnitt 2.2.6), um eine akzeptable Ausfallstatistik bzgl. Elektromigration zu erhalten. Ferner wäre das Vorhandensein einer dielektrischen Barriere am Viaboden unvorteilhaft, da es den Via-Reihenwiderstand enorm erhöhen würde; ein Wegätzen der dielektrischen Barriere am Viaboden wäre allerdings ebenso unvorteilhaft, weil dann erneut Zuverlässigkeitsprobleme in Bezug auf EM („Blechlänge") zu befürchten sind, ähnlich wie bei selbstformierenden Barrieren diskutiert.

2.2.4 Legierungen und Kompositschichten als „verstopfte" Barrieren

Es ist bekannt, dass bereits die Zulegierung bzw. das Hinzufügen weniger Atomprozent (at.-%) eines Elements die Eigenschaften eines Materials drastisch verändern und ggf. enorm verbessern kann. Aluminiumverdrahtungen beinhalten häufig < 1 at.-% Cu und Si zur Erhöhung der Elektromigrationsbeständigkeit. Barmak et al. [4, 5], sowie Gambino [33] haben sehr ausführliche Betrachtungen zur Bedeutung von Legierungen für die Mikroelektronik, insbesondere im BEoL, veröffentlicht. Obwohl in der Literatur oft allgemein von „Legierungen" gesprochen wird, unabhängig davon, ob es sich um ein System von miteinander mischbaren oder unmischbaren Elementen handelt, soll in dieser Arbeit zwischen Legierungen / intermetallischen Phasen und Kompositen (Mischschichten) unterschieden werden. Legierungen (bzw. intermetallische Phasen) wie z. B. Bronze ($Cu_xSn_{1-x}, x > 60at. - \%$) oder Messing ($Cu_xZn_{1-x}, 3at. - \% < x < 99at. - \%$)) können aus über einen weiten Konzentrationsbereich miteinander mischbaren Metallen bestehen, oder stöchiometrisch exakte Verbindungen wie z. B. $Ta_{50}N_{50}$ oder Cu_3Si sein. Die Zulegierung eines Elements, z. B. Ag in Au, kann dazu führen, dass eine unerwünschte Reaktion wie $Au + Pb \Rightarrow AuPb_2$ energetisch unvorteilhaft wird, siehe Abb. 2.14. Diesem Beispiel folgend werden in dieser Arbeit u. a. $Ru_{90}Ta_{10}$- und $Ru_{90}W_{10}$-„Legierungen" hergestellt und untersucht, W bzw. Ta sind in diesem Konzentrationsbereich mit Ru mischbar, siehe Abb. 3.2. Das Verstopfen von Korngrenzen durch gezielt eingebrachte Fremdatome (auch durch Verunreinigungen) zählt ebenfalls zu den möglichen erzielten Wirkungen von Legierungen, intermetallischen Phasen und Kompositschichten in Bezug auf Cu-Diffusion. Prominentestes Beispiel im Kontext der Arbeit dafür ist die Legierung $Ta_{95...50}N_{5...50}$, die derzeit industrieller Stand der Technik als Barrierenschicht in der Cu-Damaszenverdrahtung integrierter Schaltkreise ist, dargestellt in Abb. 2.15: Das vermehrte Einbringen von N in Ta führt zu einer zunehmenden Verstopfung der Korngrenzen und dadurch zu einer verbesserten Barrierewirkung gegen Cu-Diffusion, z. T. selbst kristalliner Schichten, angezeigt durch eine jeweils höhere Ausfalltemperatur (Cu_3Si-Bildung). Das Konzept der durch Fremdatome verstopften Barriere spielt u. a. bei den Untersuchungen an PEALD- und PECVD- Ru-Schichten, die im Vergleich zu PVD-Ru in höherem Grade Beimengungen enthalten, vor allem an Kohlenstoff, eine Rolle.

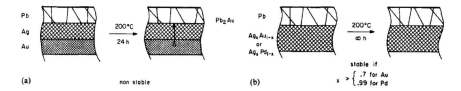

Abbildung 2.14: a) Gold ist gegenüber Blei nicht stabil und reagiert zu $AuPb_2$, selbst dann, wenn eine polykristalline Silberschicht zwischen Au und Pb eingefügt wird.
b) In Silber gelöstes Gold ist thermisch stabil gegenüber Blei, sofern die Ag-Au-Legierung mindestens 70 at.-% Silber enthält ([83], S. 425).

Kompositschichten hingegen sind künstlich erzeugte Mischschichten, die nicht aus einer Schmelze heraus durch Erstarrung entstehen können (es käme zur Entmischung bzw. Segregation), da die jeweiligen Elemente (gänzlich oder innerhalb eines bestimmten Konzentrationsbereiches) unmischbar sind. Die Besonderheit einiger Abscheideverfahren, z. B. dem Co-Sputtern, der plasmagestützten Atomlagenabscheidung oder der Ionenimplantation, besteht darin, derartige künstliche Mischschichten hervorbringen zu können, da sie weit außerhalb des thermodynamischen Gleichgewichts funktionieren. Insbesondere für

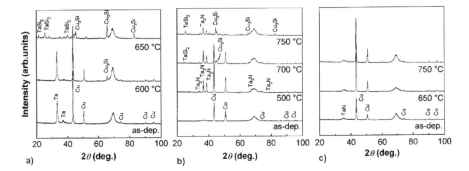

Abbildung 2.15: Röntgenbeugungs-Spektren von Si/Barriere/Cu-Schichtsystemen nach thermischer
Auslagerung bei unterschiedlichen Temperaturen.
a) Si/Ta/Cu
b) Si/amorphes Ta_2N/Cu
c) Si/kristallines TaN/Cu.
Das vermehrte Einbringen von N in Ta führte zu einer zunehmenden Verstopfung der
Korngrenzen und dadurch zu einer verbesserten Barrierewirkung gegen Cu-Diffusion,
angezeigt durch eine jeweils höhere Ausfalltemperatur (definiert bei einsetzender
Cu_3Si-Bildung) [78].

Barriereanwendungen haben Kompositschichten einen großen Reiz, weil das beigemischte Element nicht
auf einem regulären Gitterplatz eingebaut wird und dadurch sowohl zur Verstopfung von Korngrenzen
beiträgt, als auch chemische Verbindungen eingehen kann, die dem Komposit besondere Eigenschaften
verleihen. Ein gutes Beispiel dafür gibt das in der Mikroelektronik vielfach verwendete Materialsystem
WTi. In Wolfram sind etwa 10 at.-% Ti laut Phasendiagramm mischbar, bringt man jedoch mehr als
10 at.-% Ti in die W-Schicht ein, so führt die Formation von sehr stabilem TiO_2 (an „offenen" Oberflächen) zu verbesserter Korrosionsbeständigkeit, Ti-O-Bindungen stellen eine exzellente Haftung auf
Glas-/Silikatsubstraten her, und ein guter elektrischer Kontakt z. B. zu Gold wird durch starke Bindun-
gen von Ti und Au an deren Grenzfläche erreicht [84], S. 424. Der Ansatz der Kompositschichten wird
im Rahmen der barrierelosen Cu-X-Metallisierung, siehe Tabelle 2.2 diskutiert, sowie an Ru-Mn, Ru-
TaN(C), $Ru_{50} - Ta_{50}$ und $Ru_{50} - W_{50}$-Schichten aufgegriffen, die im Verlauf der Arbeit dargestellt und
eingehend untersucht wurden.

2.2.5 Selbstformierende Barrieren

Der Schwierigkeit, mit Sputterverfahren eine strukturkonforme Abscheidung des Barriere-/Keimschicht-
Systems zu erreichen, lässt sich potentiell durch Anwendung von CVD (siehe 2.3.3) oder ALD (siehe
2.3.2) begegnen; ein Ansatz, der auch in dieser Arbeit verfolgt wird, siehe Kapitel 5. Nachteile dieser
Verfahren gegenüber PVD sind jedoch eine wesentlich längere Prozessdauer, d. h. geringerer Durchsatz, sowie oft ein erhöhter Grad an Verunreinigungen in den Schichten, was häufig negative Auswirkungen auf die Haftung, den spezifischen Widerstand und die Schichtmorphologie von Cu hat. In dem
Bestreben, auch mit Sputterverfahren hochkonforme Barriereschichten erzeugen zu können, wurde u.

a. das Konzept der selbstformierenden Barriere von Koike et al. vorgeschlagen [56]. In dieser Technologie führt erst die nachträgliche thermische Auslagerung einer Kompositschicht A-X (z. B. während
nachfolgender Beschichtungsprozesse) zur Ausbildung einer hochkonformen, wenige Nanometer dünnen Barriereschicht $X_a Si_b O_c$. Ursache dafür ist die Ausdiffusion (siehe Abschnitt 2.1.1) des beigemischten Elements X aus der Kompositschicht, sowie dessen Reaktion mit dem umgebenden Dielektrikum zu einer Oxid- oder Karbidschicht, die als Cu-Diffusionsbarriere wirkt. Die Abb. 2.16 a)-c) veranschaulichen das Prinzip der selbstformierenden Barriere schematisch am Beispiel von Cu-Mn. Zahlreiche Untersuchungen zu Cu-basierten Materialsystemen sind bereits veröffentlicht worden, mit den
folgenden Elementen als Legierungspartner: Al [66], Mg [66], Ti [54], Zr [73], W , Mo [21], und Mn
[33, 42, 55, 56, 57, 58, 82, 88, 114, 117, 118, 120, 122]. Zu Cu-Mn existieren die meisten Veröffentlichungen, was in der herausragenden chemischen Aktivität von Mn in Cu begründet liegt [56]. Die
TEM-Aufnahmen in Abb. 2.17 bezeugen, dass aus der nichtkonformen PVD-Abscheidung einer Cu-
Mn-Keimschicht eine hochkonforme, äußerst dünne Barriereschicht hervorgehen kann. Man nutzt dabei
gezielt die Tatsache, dass die Cu-Mn-Kompositschicht bereits bei moderaten Temperaturen dem thermodynamischen Gleichgewicht zustrebt, d. h. der Entmischung der Mn-Atome aus dem Cu und ihrer
Reaktion zu $Mn_x Si_y O_z$.

Verallgemeinert betrachtet müssen für das Entstehen einer selbstformierenden Barriere aus einer Cu-X-
Keimschicht zwei wesentliche Bedingungen erfüllt sein: Ein hohes Segregationsbestreben von X aus Cu,
d. h. das beigemischte Element X muss zu einer schnellen Diffusion aus Cu neigen; und ein hohes Re-
aktionsbestreben von X, d. h. das Element X muss eine hohe negative Bildungsenthalpie mit Sauerstoff,
Kohlenstoff oder Silizium aufweisen, damit eine zügige Reaktion mit dem Dielektrikum wahrscheinlich
ist [55, 56], vor allem zügiger erfolgt als eine Reaktion von Cu mit dem Dielektrikum. Die Oxide von
Mn, Mg, Ti und Al genügen dieser Bedingung, sie besitzen eine wesentlich höhere negative Bindungsenthalpie als Cu-Oxid. Für ein hohes Segregationsbestreben müssen mehrere Faktoren zusammenwirken:
eine sehr geringe Mischbarkeit von X in A (es erfolgt ein Herausdrängen von X aus dem Gitter von A,
in die Korngrenzen hinein bzw. an äußere Grenzflächen), die Abwesenheit intermetallischer Phasen (X
tendiert bei Vorhandensein einer intermetallischen Phase dazu, in geringen Mengen in A zu verbleiben),
ein hoher chemischer Aktivitätskoeffizient γ_X des Elements X in A (dieser ist Ausdruck eines erhöhten chemischen Potentials von A-X, das letztlich eine Triebkraft für Diffusion darstellt) und ein hoher
Komponenten-Diffusionskoeffizient von X in A.

Eine Besonderheit selbstformierender Barrieren, z. B. bei Verwendung einer Cu-Mn-Keimschicht, ist,
dass am Boden einer Damaszen-Durchkontaktierung, einer Cu-Via, keine Barriereschicht vorhanden ist,
da sich nur an Grenzflächen der Cu-Via mit dem Dielektrikum eine Barriereschicht formiert, nicht aber
dort, wo Cu-Mn auf Cu trifft (vgl. Abb. 2.10). Über die diesbezüglichen Vor- und Nachteile wird kon-
trovers diskutiert. Einerseits wird die damit verbundene Reduzierung des Via-Widerstandes um 50-80 %
- eine vergleichsweise enorme Veränderung im Zuge einer einzelnen technologischen Maßnahme - als
Vorteil der Technologie gewertet [118]. Andererseits wird die damit ebenso verbundene Verlängerung der
„Leitbahnlänge ohne Barriereunterbrechung" über die sog. Blech-Länge hinaus als eklatante Verletzung
der Entwurfsregeln betrachtet, die es üblicherweise für eine akzeptable EM-Ausfallstatistik des Schaltkreises einzuhalten gilt. EM-Experimente der Firma Intel an Testchips mit Cu-Mn-Keimschichten haben
jedoch gezeigt, dass der Effekt der reduzierten Via-Widerstände zum Tragen kommen kann, verbunden
mit einer enormen Steigerung der Leistungsfähigkeit des Schaltkreises, ohne dass EM-Frühausfälle auf-

treten [42]. Ein weiterer Vorteil der Cu-Mn-Technologie bzw. der selbstformierenden Barriere im Allgemeinen wäre die Segregation von Mn bzw. eines bestimmten Elements an die obere Grenzfläche der Leitbahn, d. h. an die dielektrische SiCN-Deckschicht, und die dortige Ausbildung einer Mn-basierten Grenzschicht zwichen SiCN und Cu, die eine bis zu neunfache Erhöhung der mittleren EM-Ausfallzeit bewirken kann [114]. Angesichts der Tatsache, dass diese Grenzfläche bislang eine Schwachstelle für EM darstellt und neuartige Ansätze wie die stromlose Abscheidung von CoWP zwar technologisch fortgeschritten sind, aber dennoch eine Erhöhung der Fertigungskosten und -komplexität mit sich bringen würden, eine reizvolle „Begleiterscheinung". Trotz vielversprechender Ergebnisse zur Prozessintegration von Cu-Mn-Keimschichten bzw. der selbstformierenden $Mn_xSi_yO_z$-Barriere [57, 88, 114, 117, 118, 120, 122] bleiben gewisse Vorbehalte bestehen: Kann die $Mn_xSi_yO_z$-Barriereschicht auch das Durchdringen von Sauerstoff und Feuchtigkeit hin zur Cu-Leitbahn verhindern; wird der direkte Kontakt von Cu zum Isolator nicht an einigen Stellen doch zu einer Kontamination des Dielektrikums führen bzw. die Formation der Barriere unvollständig bleiben? Insbesondere die Fragestellung, ob Mn ausreichend mit porösen Dielektrika reagiert, hat sich bereits als kritisch erwiesen: Koike et al. berichteten, dass die chemische Zusammensetzung und Porösität von low-κ-Dielektrika erheblichen Einfluss auf deren Reaktion mit Mn hatte, z. T. wurde eine starke Abnahme der Dicke der selbstformierenden Barriereschicht im Vergleich zu SiO_2 beobachtet [57]. Ein etwas vorsichtigerer Ansatz wäre daher die Kombination der herkömmlichen Ta(N)-Barriere mit einer Cu-Mn-Keimschicht, auch als „self restored barrier" bezeichnet, bei der die Dicke der Ta(N)-Schicht tatsächlich auf ein Minimum von 1 nm reduziert werden kann, weil die lokal auftretende Beschädigung der Barriere infolge Oxidation von Ta durch nachträgliche Segregation von Mn und dessen Reaktion mit Ta-O repariert werden kann [33, 58], siehe Abb. 2.16 d) - f). Eine interessante Abwandlung des Cu-Mn-Prozesses haben Neishi et al. veröffentlicht: Auf eine mittels CVD abgeschiedene Mn-Schicht folgt die Abscheidung einer reinen PVD Cu-Keimschicht [82]. Die MOCVD Mn-Schicht wird im Zuge der Temperung oxidiert, das Cu gelangt zu keiner Zeit in direkten Kontakt mit dem Dielektrikum, und es ist weder ein legiertes Target für die PVD erforderlich, noch ist eine Erhöhung des Widerstandes der Cu-Keimschicht bzw. der Cu-Leitbahn zu erwarten.

In dieser Arbeit wird der Versuch unternommen, in Anlehnung an Cu-Mn-Schichten, anhand von Ru-Mn-Schichten eine selbstformierende Barriere herzustellen (siehe Kap. 5.2.4, siehe Abschnitt 3.1).

2.2.6 Barrierelose Cu-Metallisierungen

Eine weitere Möglichkeit, den Anteil an Cu in der Damaszenstruktur zu erhöhen, stellt die Anwendung gänzlich barriereloser Metallisierungen dar. Um die thermische Stabilität von Cu/SiO_2 bzw. Cu/low-κ zu erhöhen, bieten sich Cu-Kompositschichten an, dadurch gekennzeichnet, dass ein mit Cu unmischbares Metall oder Metallnitrid in die Cu-(Keim)Schicht eingebracht wird. Ermöglicht wird dies wie oben erwähnt durch diejenigen Abscheideverfahren der Mikroelektronik, bei denen eine außerhalb des thermodynamischen Gleichgewichts liegende Schicht erzeugt wird, vor allem durch Co-Sputtern. Da das Co-Sputtern eine nanoskopische Durchmischung während der Schichtbildung bewirkt, befinden sich Fremdatome sowohl im Cu-Kristallgitter, d. h. in den Körnern, als auch in den Korngrenzen. Im Unterschied zu den selbstformierenden Barrieren im vorigen Abschnitt verbleibt das beigemischte Element jedoch im Cu, weil sein Diffusionskoeffizient in Cu bei moderaten Temperaturen sehr niedrig ist. Die Auswirkung dieser Beimischung ist ebenso wie bei den Komposit-Barriereschichten eine teilweise thermische Stabilität, die mit Überschreiten der Ausfalltemperatur abrupt überwunden wird, bei niedrigeren

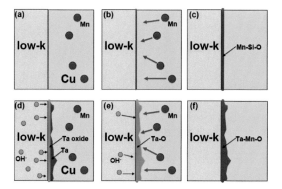

Abbildung 2.16: Schematische Darstellung des Prinzips einer selbstformierenden Barriere bzw. des Prinzips der Barriere-Reparatur am Beispiel von CuMn [33]. a) Eine Cu-Keimschicht enthält Mn-Atome im einstelligen Prozentbereich, die künstlich, d. h. außerhalb des thermodynamischen Gleichgewichts in die Keimschicht eingebracht wurden. b) Segregation des Mn während thermischer Auslagerung in Richtung O_2-beinhaltender Grenzflächen. c) Formierung einer wenige nm dünnen $Mn_xSi_yO_z$-Barriereschicht zwischen Dielektrikum und Cu-Leitbahn. d) Inhomogene, u. U. oxidierte TaN-Barriereschicht zwischen Dielektrikum und Cu-Leitbahn. e) Segregation des Mn analog b). f) Formierung einer wenige nm dünnen $Ta_xMn_yO_z$-Barriereschicht („barrier repair") zwischen Dielektrikum und Cu-Leitbahn.

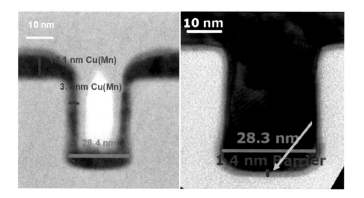

Abbildung 2.17: TEM-Aufnahme einer nichtkonformalen $Cu-Mn_8$-Abscheidung als Keimschicht für die Galvanik mittels PVD in einer 30 nm Grabenstruktur. [120] Links: Ausgangszustand Rechts: TEM-Aufnahme nach vollständiger galvanischer Cu-Füllung und 1 h Temperung bei 430 °C in Ar. Die Selbstformierung einer 1.4 nm dünnen $Mn_xSi_yO_z$-Barriereschicht zwischen Dielektrikum und Cu-Leitbahn konnte beobachtet werden.

Temperaturen jedoch von beträchtlicher Dauer ist, siehe Abb. 2.18 am Beispiel von Cu-Ru. Darüber hinaus verbessert sich mit dem Einbringen der Fremdatome in die Cu-Keimschicht häufig auch die Haftung zum Dielektrikum. Zahlreiche Untersuchungen insbesondere von J. P. Cu und C. H. Chen sind diesem Ansatz gewidmet, darunter Cu-Mo, Cu-W [21], Cu-WN [22], Cu-MoN [25], Cu-C [85], Cu-Ru(N) [23], Cu-Ru-Hf(N) [69], Cu-Ag [68], Cu-Re(N) [24], und Cu-V(N) [70]. Eine Übersicht dieser Materialsysteme mit den zugehörigen Ausfalltemperaturen, elektrischen Widerstands- und Haftungswerten gibt Tabelle 2.2.

Die Konzentration der beigemischten Fremdatome liegt i. d. R. unter 3 at.-%, teilweise sogar unter 1 at.-%, trotzdem bewirken diese eine Steigerung der thermischen Stabilität um z. T. mehrere hundert Grad Celsius, wie aus Tabelle 2.2 und Abb. 2.18 hervorgeht. Diese Beobachtung ist insofern verblüffend, als eine Fremdkonzentration von 1 ... 3 at.-% bedeutet, dass sich an der Grenzfläche Cu-X / Si statistisch gesehen nur alle einhundert bis dreißig Cu-Atome ein Fremdatom befindet, wodurch zwar vorstellbar ist, dass Diffusionswege blockiert sind, es aber nichtsdestotrotz genügend „freie" Cu-Atome geben müsste, die an der Grenzfläche mit Si zu Cu_3Si reagieren könnten - offenbar ist das jedoch nicht der Fall. Untersuchungen der Stabilität von barrierelosen Cu-X-Systemen an MIS-Strukturen bei gleichzeitiger Anwesenheit von elektrischen Feldern und erhöhten Temperaturen (siehe Kap. 4.1) sind nicht bekannt. Für eine sichere Beurteilung ihrer Cu-Barrierewirkung müsste dies allerdings getestet werden. Es ist darüber hinaus wahrscheinlich, dass aus dem Isolator ausgasender Sauerstoff die Cu-X-Schichten leicht oxidieren kann, was eine beschleunigte Cu-Felddrift zur Folge hätte. Ein wesentlicher Unterschied und Vorteil zur selbstformierenden Barriere wäre jedoch u. U. das Vorhandensein einer Cu-Diffusionsbzw. Elektromigrationsbarriere am Viaboden.

2.3 Ausgewählte Beschichtungstechnologien

2.3.1 Sputtern und Co-Sputtern (Kathodenzerstäuben, PVD)

Konventionelles DC-/HF-Sputtern

Kathodenzerstäuben, auch Sputtern genannt, bezeichnet den ionenphysikalischen Abtrag eines Targets, typischerweise anhand von Ar-Ionen. Dazu wird in einer Hochvakuumkammer ein Arbeitsgas (i. d. R. ein Edelgas) eingeleitet, das ein Medium zur Verfügung stellt, um eine Glimmentladung zwischen Target und Substrat zu erzeugen. Die Ar-Ionen schlagen durch Stoßenergieübertragung neutrale (Metall-)Teilchen aus dem Target heraus, zusätzlich entstehen u. a. Sekundärelektronen, Röntgenstrahlung, desorbierte Gasteilchen. Die Kondensation der herausgeschlagenen Metallatome auf dem Wafer führt zu kontinuierlichem Schichtwachstum, dabei bestimmt die Plasmaleistung und mithin die Energie der Ionen (10 ... 5000 eV) die Sputterrate, die ferner materialabhängig ist, z. B. etwa doppelt so hoch für Ru wie für Ta.

Um die Schichteigenschaften und die Charakteristik der Abscheidung zu beeinflussen, kann das Substrat geerdet, auf freiem Potential („floating") oder auf ein bestimmtes Potential gelegt, darüber hinaus beheizt oder gekühlt werden. Um die Glimmentladung aufrecht zu erhalten müssen stets genügend Sekundärelektronen aus dem Target herausgeschlagen werden, die neue Ar-Ionen durch Stoßionisation erzeugen, bzw. es muss die Ionisationsrate im Plasma erhöht werden; letzteres erreicht man durch Verwendung sog. Magnetrons, die, z. T. rotierend, Magnetfelder im Innern des Plasmas erzeugen. Aufgrund der Lorentzkräfte beschleunigen diese Elektronen auf eine spiralförmige Bahn und erhöhen so die Ionisationsrate.

Tabelle 2.2: Übersicht über Materialsysteme für barrierelose Cu-Metallisierungen auf Silizium, mit den zugehörigen thermischen Ausfalltemperaturen, spezifischen Widerstands-, Leckstrom- und Durchbruchszeit-Werten sowie Haftungsstärken

Material-system	ρ Ausgang [$\mu\Omega cm$]	ρ getempert [$\mu\Omega cm$]	thermodyn, stabil bis °C	Cu_3Si-Bildung bei °C	Haftstärke Ausgang auf Si [MPa]	Haftstärke getempert auf Si [MPa]	Leckstrom @ 2MV/cm, RT [A/cm^2]	TDDB MTTF @2,7 MV/cm [s]	10 Jahre Lebensdauer @0,25 MV/cm	Ref,
Cu	4	3	<400	400	$2,2\pm0,1$	$3,7\pm0,2$	$2*10^{-7}$	1.000	nein	[23]
$Cu-Ag_{0,3}N_{0,4}$	24	2,2	600	650	$5,0\pm0,5$	$24,4\pm0,4$	$4,6*10^{-10}$	n. a.	n. a.	[68]
$Cu-V_{1,1}$	14	4	550	600	$3,1\pm0,5$	$11,9\pm0,4$	$2*10^{-9}$	n. a.	n. a.	[70]
$Cu-V_{0,8}N_{0,4}$	35	2,9	700	750	$3,8\pm0,4$	$14,6\pm0,5$	$2*10^{-10}$	16.000	n. a.	[70]
$Cu-Ru_{0,6}$	30	4	580	600	n. a.	n. a.	$5*10^{-9}$	n. a.	n. a.	[23]
$Cu-Ru_{0,4}N_{1,7}$	45	3	680	700	similar	CuReN	$3*10^{-10}$	37.000	ja	[23]
$Cu-Mo_{3,0}$	13	5,6	400	450	n. a.	n. a.	$3,8*10^{-8}$	n. a.	n. a.	[21]
$Cu-Mo_{3,9}N_{1,5}$	18	2,5	630	650	n. a.	n. a.	$1,6*10^{-9}$	n. a.	n. a.	[25]
$Cu-W_{2,8}$	17	4,6	400	450	n. a.	n. a.	$2*10^{-8}$	n. a.	n. a.	[21]
$Cu-W_{0,7}N_{1,7}$	17,7	2,7	530	580	n. a.	n. a.	$4,9*10^{-9}$	n. a.	n. a.	[22]
$Cu-Hf_{0,3}N_{0,2}$	> 30	2,7	630	n. a.	$4,0\pm0,2$	$21,5\pm0,4$	$8*10^{-9}$	55.000	ja	[69]
$Cu-Ru_{0,2}Hf_{0,6}N_{0,5}$	> 30	2,6	720	750	$4,6\pm0,4$	$32,4\pm0,5$	$1,9*10^{-10}$	86.000	ja	[69]
$Cu-Re_{0,7}N_{0,06}$	28	2,9	730	n. a.	$4,2\pm0,2$	$17,3\pm0,2$	$1,5*10^{-10}$	65.500	ja	[24]

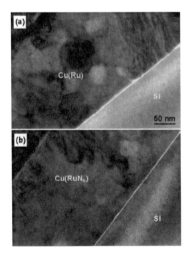
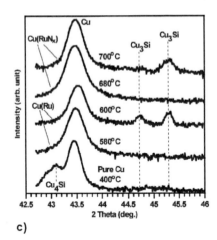

Abbildung 2.18: Beispiel einer barrierelosen Cu-Metallisierung auf Basis von Cu und Ru(N):
    a) TEM einer $Cu - Ru_{0.6}$-Schicht auf Si nach thermischer Auslagerung bei 580 °C
    b) TEM einer $Cu - Ru_{0.4}N_{1.7}$-Schicht auf Si nach Temperung bei 680 °C
    c) Röntgenbeugungsspektren von Cu-, Cu-Ru und Cu-Ru-N-Schichten nach thermi-
    scher Auslagerung. [23]. Die thermische Stabilität konnte um bis zu 280 °C erhöht wer-
    den gegenüber Cu / Si. (Ein gebräuchlicherer Anwendungsfall wäre Cu-X auf einem
    Dielektrikum.)

Das Anlegen eines elektrischen Wechselfeldes (HF) hat eine ähnliche Auswirkung.

Ionisierte PVD

Die beim gewöhnlichen Sputtern emittierten Metallteilchen sind neutral und weisen eine Kosinus-Winkel-
verteilung der Geschwindigkeit im Raum auf, was dazu führt, dass diese Teilchen in Strukturen mit hohem Aspektverhältnis nicht bis zum Boden bzw. an die unteren Seitenwände gelangen. Es besteht die Gefahr, dass dort kein homogen zusammenhängender Film abgeschieden wird. Indem diese Teilchen jedoch
nachträglich ionisiert werden, kann die Konformität der Sputterabscheidung enorm verbessert werden.
Für die Postionisation bestehen mehrere Möglichkeiten. Eine erste Variante besteht darin, die Metallatome in ein hochdichtes Plasma zu sputtern, dabei eine schrittweise Thermalisierung und schließlich
ihre Ionisation zu erwirken. Die Erzeugung des hochdichten Plasmas beruht entweder auf der Umman-
telung der Kammer mit einem induktiven Kreis (induktiv gekoppeltes Plasma) oder der Konstruktion
des Targets zu einem Hohlkathodensystem. Die Metallionen können nun durch das zwischen Plasma
und Substrat existierende elektrische Feld (sog. „sheath"), bzw. durch eine zusätzliche Vorspannung des
Substrats orthogonal zum Wafer ausgerichtet und beschleunigt werden, wodurch ein sehr viel tieferes
Eindringen der die Schicht bildenden Teilchen erreicht wird. Das parallel stattfindende Rücksputtern von
Teilchen an die unteren Seitenwände trägt zusätzlich dazu bei, einen zusammenhängenden Film in den
Strukturen abzuscheiden. Dieses Verfahren wird industriell angewendet, z. B. von der Fa. Novellus. Ei-

ne zweite Variante besteht darin, bei sehr niedrigen Drücken und sehr hohen DC-Leistungen (> 18 kW) eine Selbstionisation des Plasmas durch Metallionen aus dem Target zu bewirken. In diesem Fall ist die Dichte der positiv ionisierten Metallteilchen so groß, dass eine hinreichend große Anzahl zurück auf das auf negativem Potential liegende Target beschleunigt wird und dort erneut (ionisierte) Teilchen herauszuschlagen vermag. Auf diesem Prinzip basieren u. a. Anlagen der Fa. Applied Materials (US Patent 6.497.802 B2) und der Fa. Oerlikon (sog. „Impulssputtern"). PVD, insbesondere das Sputtern, stellt also ein Abscheideverfahren dar, dass keine strukturkonforme Abscheidung erzielt und nur bis zu einem bestimmten Aspektverhältnis in der Lage ist, eine ausreichende Schichtdicke zu erzeugen. Nachteilig dabei ist, dass dies mit einer großen Ablagerung von Material im Bereich der Oberfläche verbunden ist, vgl. Abschnitt 1.3.

2.3.2 Plasmagestützte Atomlagenabscheidung (PEALD)

Die Atomlagenabscheidung (ALD) ist eine Dampfphasen-Beschichtungstechnik zur Erzeugung äußerst dünner Schichten, „Monolage für Monolage", dadurch gekennzeichnet, das zwei Halbzyklen (bzw. Halbreaktionen) abwechselnd und so lange wiederholt werden, bis eine gewünschte Schichtdicke erreicht wurde. Profit et al. haben kürzlich einen sehr umfassenden Übersichtsartikel zu den Grundlagen, Möglichkeiten und Herausforderungen der (PE)ALD veröffentlicht, deren Darstellung hier kurz gefolgt werden soll [94]. Abb. 2.19 zeigt eine schematische Darstellung sowohl der rein thermischen, als auch der plasmagestützten ALD. Die atomare Kontrolle des Schichtwachstums ist durch die Selbstbegrenzung der in jedem Halbzyklus ablaufenden Reaktionen gegeben, die Abscheiderate hängt daher bei der ALD im Gegensatz zur PVD oder CVD nicht von der (Fluss-)Menge der Vorstufenelemente (Präkursoren) und Reaktionsgase ab; aus diesem Grund wird die Abscheiderate bei der ALD in der Dimension „Wachstum pro Zyklus" angegeben, typischerweise in nm/Zyklus. Jeder Halbzyklus beinhaltet neben der Halbreaktion auch einen Spülschritt (siehe auch Abb. 5.1 (links)), um das gleichzeitige Vorhandensein von Präkursor und Reaktant innerhalb des Rezipienten auszuschließen, mithin CVD-ähnliche Abscheidungseffekte zu vermeiden.

Man unterscheidet i. A. zwischen rein thermischer ALD (thALD) und plasmagestützter ALD (PEALD). Thermische ALD nutzt lediglich den thermischen Energieeintrag des geheizten Substrats (üblicherweise 50 ... 350 °C). Der Vorteil der thALD besteht vor allem in der hervorragenden, nahezu idealen Konformität in Strukturen mit einem großen Aspektverhältnis und über große Substratflächen hinweg, sofern die jeweilige Dosierung von Vorstufenelement bzw. Reaktant, sowie die sich anschließende Spülung hinreichend lang genug erfolgen. Nachteile bestehen häufig in Form der Empfindlichkeit der Abscheidung gegenüber Schwankungen ihrer Prozessparameter, sowie in gegenüber den mit PVD und auch PEALD erzeugten Schichten vergleichsweise schlechten Materialeigenschaften. Hierzu zählen in erster Linie deren Leitfähigkeit und enthaltene Verunreinigungen, aber auch das Aufwachsverhalten und die Haftung der Schichten. Die in der Arbeit verwendeten thermischen ALD-Prozesse sind in Kapitel 5 eingehend beschrieben. Ein Beispiel für die industrielle Anwendung des Verfahrens in der Mikroelektronik ist die Hf-basierte Gateoxidabscheidung in Transistoren der Firmen Intel und AMD seit Ende 2007.

Demgegenüber ist die plasmagestützte ALD (PEALD) ein Verfahren, bei dem ein wesentlich höherer Energieeintrag zur Schichterzeugung durch Zünden eines (Remote-)Plasmas erzeugt wird, das dazu führt, dass hochreaktive Radikale (z. B. atomarer Wasserstoff) und/oder Ionen (z. B. Ar-Ionen) die ablaufenden Reaktionen bzw. Molekülaufspaltungen initiieren und unterstützen. Vorteile der PEALD sind die

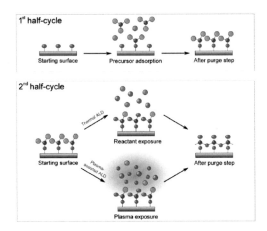

Abbildung 2.19: Schematische Darstellung thermischer und plasmagestützter Atomlagenabscheidung (ALD) nach Profijt. [94]. In einem ersten Halbzyklus adsorbiert eine metallorganische Verbindung (Präkursor) auf dem Substrat, in einem zweiten Halbzyklus wird die Substratoberfläche einem Reaktanten ausgesetzt, entweder einem Reaktionsgas (thermische ALD) oder reaktiven Teilchen, die in einem Plasma erzeugt wurden (PEALD).

größere Unabhängigkeit gegenüber Schwankungen der Prozessparameter, vor allem jedoch die i. d. R. bessere Haftung der Schichten auf dem Untergrund, höhere Leitfähigkeit, geringeren Anteile an Verunreinigungen in der Schicht, sowie die Möglichkeit der einfacheren Erzeugung von Kompositschichten im Vergleich zu thermischer ALD. Nachteilig sind jedoch die häufig eingeschränkte Konformität in Strukturen mit hohem Aspektverhältnis, Schädigungen dielektrischer Schichten durch das Plasma, sowie ein geringer Durchsatz, aufgrund der einzelnen, sukzessiven Prozessierung der Wafer eines Loses, wohingegen mittels thALD prinzipiell auch die gleichzeitige Beschichtung mehrerer Wafer (sog. „batch-Prozess") möglich ist. Eine detaillierte Beschreibung der PEALD im Kontext der Arbeit findet sich ebenfalls in Kapitel 5, in dem die Herstellung zahlreicher Ru-basierter (Misch-)Schichten mittels PEALD erläutert ist.

2.3.3 Plasmagestützte chemische Gasphasenabscheidung (PECVD)

Die plasmagestützte chemische Gasphasenabscheidung (PECVD) ist der zuvor beschriebenen PEALD sehr ähnlich hinsichtlich des Aufbaus eines entsprechenden Rezipienten, sowie der Verwendung von Präkursoren und Reaktanten - mit dem fundamentalen Unterschied, dass diese gleichzeitig, nicht nacheinander, in die Kammer eingeleitet werden und dort also auch gleichzeitig an der Oberfläche des Substrats miteinander reagieren, vgl. Abb. 5.1 (rechts), ausführlich erläutert in Abschnitt 5.1.3. Die Abscheiderate wird, ähnlich wie bei der PVD, in nm/min angegeben, die Schichtdicke ist eine Funktion der Dauer der Abscheidung. Während der Abscheidung sind Präkursor und Reaktionsgase (letztere nicht zwingend erforderlich, z. B. bei metallorganischer CVD, kurz MOCVD) sowie ein Plasma in der Kammer vorhanden. Im Gegensatz zur PEALD bestimmen die Gasflüsse, Drücke und Temperaturen die Abscheidecharakteristik und die Schichteigenschaften in erheblichem Maße. Bezüglich der Konformität nimmt die (PE)CVD eine Mittelstellung zwischen PVD- und ALD-Verfahren ein und bietet bereits eine signifikante, häufig ausreichende Verbesserung gegenüber PVD, da die Schichterzeugung chemischer Natur und damit i. d. R. auch isotroper ist als bei der PVD, jedoch nicht selbstbegrenzend wie die ALD. Ein Vorteil der (PE)CVD gegenüber der PEALD ist der aufgrund der kürzeren Prozessdauern wesentlich höhere Durchsatz.

2.3.4 Elektrochemische Cu-Abscheidung (Cu-ECD)

Durch die elektrochemische Cu-Abscheidung (Cu-ECD) werden Gräben und Sacklochstrukturen mit Cu gefüllt. Für die Cu-ECD ist eine Keimschicht erforderlich. Prinzipiell könnte diese auf TaN [96] oder Ta [97] stromlos mit aktivierender Unterstützung von Pd-Keimen erzeugt werden; Stand der Technik ist jedoch eine mittels ionisierendem Sputterverfahren abgeschiedene Cu-Keimschicht. Die Aufgabe der Cu-Keimschicht besteht a) in der durchgehenden elektrischen Kontaktierung der Gräben und Vias für deren voidfreies Füllen, sowie b) in der Vermeidung einer Oxidation des Ta-Haftvermittlers auf dem Weg von der Sputterkammer zum Cu-Plating, da dies die EM-Beständigkeit der Leitbahn beeinträchtigen würde [143] (vgl. Abschnitt 2.1.5).

Für ein hohlraumfreies Füllen von sub-Mikrometerstrukturen (sog. „Superfill", siehe Abschnitt 1.2) ist die kombinierte Wirkung von chemischen Zusätzen, sog. „Additiven", im galvanischen Bad verantwortlich [72, 108]. Das Füllen von Strukturen mittels Cu-Superfill ist prinzipiell bis zu Linienbreiten von 11 nm demonstriert worden, bei einem Aspektverhältnis von bis zu 6:1 [10].

Im Ansatz der sog. Keimschichtreparatur (engl. „seed enhancement") ersetzt eine hochleitfähige, oxidationsbeständige und galvanisch beschichtbare Keimschicht den Ta-Haftvermittler, was eine Verringerung der nominellen Cu-Keimschicht-dicke auf 10-15 nm erlaubt. Infolge des dadurch verminderten Cu-Überhangs und der damit verminderten Abschnürungsgefahr von Strukturen kann die Qualität der galvanischen Beschichtung sehr viel besser ausfallen als bei Verwendung des konventionellen TaN/Ta-Systems mit einer Cu-Keimschichtdicke von ca. 30-40 nm. Weil auch die unterliegende Haftvermittler-schicht zur Leitfähigkeit der Keimschicht beiträgt und an lückenhaften Stellen selbst galvanisiert werden kann, gilt dies ebenso am Boden der Strukturen (vgl. Abb. 3.1b). Der Ansatz des „seed enhancement" ist besonders effektiv, wenn die neuartige Haftvermittlerschicht mit CVD- oder ALD-Verfahren abgeschieden wird. Der völlige Verzicht auf eine Cu-Keimschicht bedeutet das direkte Cu-Plating auf der Barriere-/Haftver-mittler-Schicht und schafft einen noch größeren Spielraum für das Füllen kleinster Strukturen (< 40nm) mittels Cu-Galvanik [143].

Das Barriere-/Haftvermittlersystem beeinflusst auch die Schichtmorphologie des galvanisch beschichteten Cu (angestrebt wird eine (111)-Orientierung der Cu-Kristalle [112]). Dieser Umstand gewinnt für sehr schmale Leitbahnen an Bedeutung, weil sich die bambusartige Struktur darin schwieriger erzeugen lässt [20].

3 Literaturübersicht zu Ru-basierten Schichten

3.1 Besondere Eigenschaften des Elements Ruthenium für die Mikroelektronik

In seiner Eigenschaft als hochleitfähiges, mit Cu unmischbares, sowie eine hohe Austrittsarbeit aufweisendes Edelmetall hat das Element Ruthenium während der letzten Jahre eine erhöhte Aufmerksamkeit in der Forschung und Entwicklung für mikroelektronische Anwendungen gewonnen. Die vielversprechendsten Anwendungen sind der Einsatz von Ru als direkt galvanisch beschichtbare Keim- oder Haftvermittlerschicht im BEoL [1, 2, 18, 19, 40, 50, 51, 62, 64, 77, 80, 100, 141, 142, 143, 144] und als Metall(Gate-)elektrode in Kombination mit hochpermittiven Dielektrika (sog. „high-κ-Dielektrika") [32, 63, 90, 147].

Im Bereich des BEoL erhofft man sich durch den Einsatz von Ru (sowohl PVD- als auch CVD- bzw. ALD-Ru) Fortschritte für die Cu-Galvanik, aufgrund seiner edlen chemischen Eigenschaften, die das Vorhandensein eines leitfähigen Pfades unter einer u. U. beschädigten oder lückenhaften Cu-Keimschicht erhalten helfen, für den Fall, dass die Cu-Keimschicht z. B. vom Cu-Platingbad geätzt wurde oder nicht geschlossen abgeschieden werden konnte. Dieser auch als „Keimschicht-Unterstützung" bezeichnete technologische Ansatz ermöglicht die Abdünnung (Skalierung) der Cu-Keimschicht auf deutlich weniger als 30 nm, gemessen im Feldgebiet [143], siehe Abb. 3.1b).

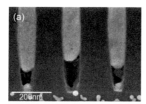

Abbildung 3.1: REM-Aufnahmen (Querschnitt) von sub-100 nm-Strukturen nach Cu-ECD und CMP, mit verschiedenen Barriere-/Haftvermittlerschichten [142].
a) 5 nm TaN/5 nm Ta/10 nm Cu (alle PVD): Hohlraumbildung aufgrund von fehlendem Cu am Boden.
b) 5 nm TaN/5 nm CVD-Ru/10 nm Cu („seed enhancement"). Bei Verwendung der gleichen Cu-Schichtdicke konnten Strukturen gefüllt werden, weil die Ru-Haftvermittlerschicht galvanisch beschichtet werden konnte.

Ruthenium besitzt einen spezifischen elektrischen Widerstand von 7.7 $\mu\Omega$cm, d. h. etwa $2/3\rho$ von Tantal bzw. $1/6\rho$ von Titan. Darüber hinaus vermag das edle Ru die Oxidation einer unterliegenden TaN-Barrierenschicht (siehe Abschnitt 2.1.5) zu unterbinden, was zunehmend kritisch wird für immer dünnere Cu-Keimschichten, hauptsächlich auf dem Weg des Wafers von der Sputterkammer zur Cu-Galvanik. Ursache dafür ist die betragsmäßig relativ kleine Gibbs'sche Bildungsenthalpie des RuO_2 von 253 kJ/mol, d. h. etwa $1/7\Delta G°$ von Ta_2O_5 bzw. $1/3\Delta G°$ von TiO_2 [79]. Betrachtet man Ru unter dem Gesichtspunkt einer neuartigen Haftvermittlerschicht, kann die EM-bedingte Ausfallzeit von Cu-Leitbahnen stark erhöht werden aufgrund einer wesentlich besseren Haftung von Cu auf Ru im Vergleich mit Cu auf Ta [50, 87] (diese Arbeit: [136]). Dies wird oft erklärt mit der in der Hauptkristallrichtung des Ru auftretenden Gitterkonstante $a_{hcp(002)Ru}$ von 2.7 Å, die nah an der von Cu, $a_{fcc(111)Cu}$ = 2.55 Å $(1/\sqrt{2}\,a_{Cu})$, liegt [76]. Außerdem geht mit seiner hohen Schmelztemperatur von 2334 °C eine sehr geringe Diffusivität einher. Ein kombinierter Einsatz von Ru - sowohl als Haftvermittler als auch als direkt galvanisch beschichtbare Cu-Keimschicht - erscheint besonders reizvoll für extrem schmale Cu-Leitbahnen, in denen es ein möglichst großes Volumen für die Cu-Galvanik zu erhalten gilt, siehe Kap. 2.3.4.

Darüber hinaus sind Ru-Schichten sogar als Cu-Diffusionsbarriere in Betracht gezogen worden, es bestehen jedoch recht unterschiedliche Aussagen zu ihrer Barrierewirkung (siehe Abschnitt 3.2). Ru kann aber in Verbindung mit anderen Elementen zu einer direkt galvanisch beschichtbaren Cu-Diffusionsbarriere erweitert werden - entweder als Ru-X-Mischschicht oder als Ru/X Doppelschicht - etwa mit Ta [14, 60, 81, 86, 113] (diese Arbeit: [130, 134]), W [34, 101] (diese Arbeit [130]), Ti [65], Co [92], P [37, 91, 107], Mn (diese Arbeit [129, 130, 135]), SiN [30, 31], AlO [17] oder C [15, 29, 93] (diese Arbeit [128, 131]). Daher sind Ru-basierte Schichten sowie entsprechende Ru-Abscheideverfahren potentiell von großer Bedeutung für mikroelektronische Produkte mit Cu-Metallisierungen.

3.2 Elementare Rutheniumschichten

Verschiedenste Abscheidetechniken wie PVD, CVD und ALD stehen für die Abscheidung von Ru-Schichten zur Diskussion. Das ionisierte Sputterverfahren (iPVD), d. h. das Kathodenzerstäuben von Metallteilchen und deren nachträgliche Ionisation (siehe Abschnitt 2.3.1) ist heute Stand der Technik für den konventionellen Schichtstapel im BEoL, bestehend aus TaN/Ta/Cu. Auch für die kommenden Technologieknoten (zumindest für 28 nm, d. h. 45 nm Strukturweite in M1) geht man davon aus, das iPVD das Verfahren der Wahl zur Abscheidung von Barriere- und Keimschichten in Damaszenstrukturen sein wird, aufgrund seiner hohen Abscheiderate und Besonderheit, hochreine Filme zu erzeugen. Eine Verbesserung der Konformität in Grabenstrukturen kann durch den Übergang von einer iPVD Cu-Keimschicht zu einer iPVD-Ru-Schicht erreicht werden, hervorgerufen durch die größere Masse der ionisierten Teilchen (Ru: 101, Cu: 63), die an der Grabenöffnung zu weniger Überhang führt. Aus diesem Grund war die PVD von Ru bereits Gegenstand zahlreicher Untersuchungen [1, 40, 50, 80, 87, 92, 101, 113, 144]. Eine alternative Möglichkeit, den Cu-Überhang zu reduzieren, stellt die Abscheidung der Cu-Keimschicht mit CVD oder ALD [121] dar. Allerdings bringen diese Verfahren zusätzliche Verunreinigungen ein, die den effektiven spezifischen Leitbahnwiderstand u. U. inakzeptabel erhöhen bzw. die EM-Stabilität der Leitbahn durch schlechte Haftung beeinträchtigen können [52, 112, 139]. Darüber hinaus ist das Kornwachstum auf CVD/ALD-Cu häufig weniger ausgeprägt und führt zu kleineren Cu-Kristalliten, die ebenfalls einen höheren Leitbahnwiderstand und kürzere EM-Ausfallzeiten verursachen.

Angesichts dieser Herausforderungen stellen CVD-basierte [18, 32, 47, 100, 142, 143] und insbesondere ALD-basierte Verfahren [19, 51, 62, 63, 64, 77, 80, 90, 141, 147] eine vielversprechende Möglichkeit für die Abscheidung von Ru-Schichten dar. Anerkanntermaßen ist die thermische ALD dasjenige Verfahren, welches die höchste erreichbare Konformität bietet, weil die ALD-typische Selbstbegrenzung hier isotrop ist, im Gegensatz zu plasmagestützten Verfahren, bei denen ein gerichteter Teilchenfluss existiert. Zahlreiche Untersuchungen zur thermischen ALD von Ru mittels eines Ru-Präkursors und O_2 als Reaktant finden sich in der Literatur [48, 61, 63, 90, 146, 147]. Diese Schichten weisen z. T. exzellente Eigenschaften auf, z. B. für thermische ALD-Schichten hohe Leitfähigkeiten und nahezu 100 % Kantenbedeckung. Ungünstigerweise würde ein O_2-basierter Abscheideprozess jedoch zur Oxidation einer darunterliegenden TaN-Barriereschicht führen, was bei sehr dünnen Schichten gleichbedeutend ist mit dem Ausfall des Cu-Diffusionsbarrieresystems und daher vermieden werden muss [3]. Es finden sich nur wenige Publikationen zur sauerstofffreien thermischen ALD von Ru, z. B. mit NH_3 als Reaktant [32]. Park et al. berichteten jedoch, dass nur mit NH_3-Plasma Ru-Schichten abgeschieden werden können [90]. MOCVD auf der Basis von einem Ru-Präkursor und H_2 wäre eine Alternative dazu [47], aber der spezifische Widerstand dieser Schichten ist vergleichsweise hoch (ca. 90 $\mu\Omega$cm, vgl. Ru-Volumenmaterial 7.7 $\mu\Omega$cm), was auf einen relativ hohen Anteil an Verunreinigungen schließen lässt. Um auch mittels MOCVD hochleitfähige Schichten herstellen zu können, ist i. d. R. ebenfalls O_2 als Reaktant erforderlich [18]. Aus dieser Perspektive betrachtet sind plasmagestützte ALD-Verfahren mit einem Ru-Präkursor und NH_3 als Reaktant von Interesse. Zahlreiche Forschergruppen haben auf diesem Gebiet Arbeiten veröffentlicht [19, 51, 62, 63, 64, 77, 90, 141]. Zur PECVD von Ru existieren bislang keine Publikationen in wissenschaftlichen Zeitschriften.

Aussagen zur chemischen Zusammensetzung und zu den physikalischen Eigenschaften von Ru-Schichten auf PECVD-/ PEALD-Basis (z. B. ERDA-/ ToF-SIMS-Messungen, „size-effect"-Verhalten), bzw. zum Einfluss der Prozessparameter auf den spezifischen elektrischen Widerstand, die Konformität und das Cu-ECD-Verhalten wurden bislang nicht explizit und vergleichend zu PVD-Ru veröffentlicht. Insbesondere die Bestimmung von Verunreinigungen hat sich bisher als unzureichend erwiesen mit Hilfe der XPS oder AES, da bei diesen Methoden stets Linienüberlagerungen des Kohlenstoffsignals mit dem Ru-Signal auftreten, was keine verlässliche Bestimmung des Ru-Gehalts sowie der eingebauten Verunreinigungen zulässt. In dieser Arbeit sollen daher PEALD-/ PECVD-Prozesse zur Abscheidung von Ru entwickelt werden sowie die physikalischen Eigenschaften dieser PECVD-/ PEALD-Ru-Schichten untersucht und mit denen von PVD-Ru anhand spektroskopischer, optischer, röntgenographischer, elektrischer und bildgebender Messverfahren verglichen werden.

Zur Barrierewirkung elementarer Ru-Schichten existieren bisher unterschiedliche Aussagen. Chan et al. haben z. B. PVD-Ru anhand von SIMS-Messungen eine Stabilität gegen Cu-Diffusion bis 450 °C bescheinigt (in Vakuum, p < 4 x 10 $^{-6}$ Torr) [13]. Cho et al. zeigen für MOCVD-Ru anhand von Auger-Tiefenprofilen bis 600 °C (30 min in N_2-Atmosphäre) [18], sowie Jeong et al. für PEALD-Ru ebenfalls anhand von SIMS-Messungen eine Barrierenstabilität bis mindestens 400 °C (1h, keine Anaben zur Temperatmosphäre) [43]. Im Gegensatz dazu beobachteten Wei et al. bereits ab 300 °C (in UHV) eine uniforme Cu-Diffusion in PVD-Ru anhand von XPS-Messungen [123], ebenso Damayanti et al. anhand von TEM auf SiCOH-Dielektrika (1h in Vakuum, p < 10 $^{-5}$ Torr)) [28], sowie Kumar et al. anhand von BTS/ TVS-Messungen bei 250 °C (keine Angabe zur Temperatmosphäre) [60]. Die Ergebnisse legen die Vermutung nahe, dass sowohl das Abscheideverfahren, als auch das Vorhandensein elektrischer Felder beim Test der Schichten einen Einfluss auf die (beobachtete) Barrierewirkung haben. Beide Aspekte werden in dieser Arbeit intensiv untersucht, siehe Abschnitte 6.1.2, 2.1.3.

3.3 Ruthenium-Kompositschichten

Tantal, Wolfram sind als gute bzw. insbesondere ihre Nitride sogar als exzellente Cu-Diffusionsbarrieren bekannt. Um die Barrierwirkung von Ru-Schichten zu steigern, d. h. vor allem Korngrenzen und weitere, als schnelle Diffusionspfade für Cu wirkende Defekte zu verstopfen, wird in dieser Arbeit die Beimischung von Ta(N) und W(N) als aussichtsreich angesehen. Abb. 3.2 und 3.3 zeigen jeweils die binären Zustandsdiagramme von $Ru - W$ und $Ru - Ta$, in denen sowohl mischbare, als auch unmischbare Bereiche existieren. Z. B. besteht in Ru bis zu einem Anteil von etwa 40 at.% W eine Mischbarkeit der Elemente, für einen W-Anteil von 50 oder 75 at. % ist dies jedoch nicht der Fall (Daten für niedrigere Temperaturen nicht vorhanden, Soliduslinie verläuft typischerweise bei geringeren Temperaturen in Richtung geringerer Fremdatomkonentrationen). Daher sollen Ru-W-Schichten in unterschiedlichen stöchiometrischen Zusammensetzungen untersucht und im Ergebnis Mischbarkeit und erzielte Cu-Barrierewirkung in Zusammenhang gebracht werden. Eine etwas andere Erwartung ergibt sich aus dem binären Zustandsdiagramm Ru-Ta: Im Bereich geringer (einstelliger) Ta-Konzentrationen wird von einer Mischkristallbildung ausgegangen, für höhere Ta-Konzentrationen (z. B. 50 at. % Ta) ist es wahrscheinlich, dass Ta-Atome zu einer Amorphisierung der Ru-Matrix beitragen - und umgekehrt. Chen et

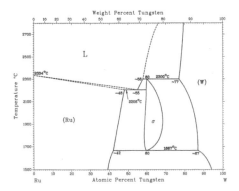

Abbildung 3.2: Binäres Zustandsdiagramm Ru-W [75]. Es existieren keine intermetallischen Phasen von Ru mit W, allerdings Bereiche der gegenseitigen Mischbarkeit.

al. zeigten für PVD-$Ru_{39}Ta_{16}N_{19}O_{25}$-Filme eine thermische Stabilität gegen Cu-Diffusion bis mindestens $600\,^{\circ}C$, anhand von TEM-Analysen und XPS-Tiefenprofilmessung [14]. Diese Schichten wurden mittels reaktivem Co-Sputtern von Ru- und Ta-Targets abgeschieden, das Arbeitsgasgemisch bestand dabei aus Ar und N_2. Aufgrund des geringen Ru-Anteils sind derartige Filme nicht direkt galvanisch mit Cu beschichtbar. Nogami et al. untersuchten RuTa- bzw. RuTaN-Schichten mit höherem Ru-Anteil, zwischen 70 und 90 at.-% liegend [86]. Lediglich $Ru_{90}Ta_{10}$-Schichten konnten direkt mit Cu galvanisch beschichtet werden. Bezüglich der Barrierewirkung dieser Filme wurde anhand von BTS-/TVS-Messungen die Aussage getroffen, dass weder RuTa- noch RuTaN-Schichten effektiv eine Cu-Diffusion verhindern, sofern der Ru-Anteil zwischen 70 und 90 at.-% liegt. Im Unterschied zu Chen et al. wurden

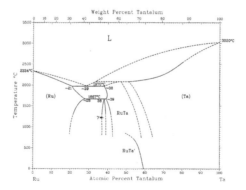

Abbildung 3.3: Binäres Zustandsdiagramm Ru-Ta [75]. Es existieren keine intermetallischen Phasen von Ru mit Ta, allerdings Bereiche der gegenseitigen Mischbarkeit.

diese Schichten allerdings nicht mittels Co-Sputtern, sondern durch reaktives Sputtern eines einzelnen legierten RuTa-Targets in Ar und N_2 erzeugt. Torazawa et al. untersuchten zu Nogami et al. vergleichbare PVD-RuTaN-Schichten mit SIMS nach thermischer Auslagerung und kamen ebenfalls zu dem Ergebnis, dass diese nicht ausreichend thermisch stabil sind [115].

S. W. Kim et al. stellten PEALD-$Ru_{52} - TaNC_{45}$-Schichten her und demonstrierten auf der Basis von TEM, XRD und Schichtwiderstandsmessungen deren thermische Stabilität gegen Cu-Diffusion, die mindestens 700 °C betrug [53]. Kumar et al. identifizierten durch Vergleich mehrerer PEALD-Ru-TaNC-Filme mit hohen Ru-Anteilen eine $Ru_{92}-TaNC_8$-Schicht als direkt Cu-ECD-fähige Cu-Diffusionsbarriere, anhand von BTS-/ TVS-Messungen und Cu-ECD-Tests [60]. Chakraborty et al. gelangten zu einem nahezu identischen Ergebnis [12]. Es wurden allerdings keine Angaben zur thermischen Stabilität dieser PEALD-RuTaNC-Schichten gemacht (z. B. BTS/ TVS nach 600 °C-Temperung), ebenso zu ihrer Wirkung als O_2-Barriere sowie zu ihrem Cu-Benetzungsverhalten. Jeong et al. attestierten PEALD-$Ru_{95}-TaNC_5$-Schichten gutes Cu-Platingverhalten sowie eine gute EM-Beständigkeit, allerdings ohne einen Hinweis auf die Cu- bzw. O_2-Barriereeigenschaften ihrer Filme zu geben [44].

Nach der Literatur deuten sich also auch für RuTa(N,C)-Schichten herstellungsbedingte Unterschiede an, insbesondere zwischen PEALD-RuTaNC und PVD-RuTaN-Schichten. Die bisherigen Erfahrungen werfen nun zwei wesentliche Fragestellungen für diese Arbeit auf.

1. Besteht die Möglichkeit der Herstellung von direkt galvanisch beschichtbaren PVD-RuTaN-Schichten mit einem hohen Ru-Gehalt, welche darüber hinaus auch zu TaN vergleichbare Cu-Diffusionsbarriereeigenschaften aufweisen, eine gute O_2-Barriere darstellen und über ein sehr gutes Cu-Benetzungsverhalten verfügen?

2. Ist die beobachtete gute Barrierewirkung von PEALD- und evtl. auch PECVD-RuTaNC-Schichten im Bereich hoher Ru-Konzentrationen temperaturstabil bis mindestens 600 °C, und wie sind ferner die O_2-Barriereeigenschaften bzw. das Cu-Benetzungsverhalten dieser Schichten?

Selbstformierende Barrieren auf der Basis von Ru sind bislang nicht bekannt. Ein Blick auf das binäre Phasendiagramm Ru-Mn zeigt: es existieren im Bereich sehr geringer Mn-Konzentrationen keine intermetallischen Phasen und die Festkörperlöslichkeit ist nahezu Null, siehe Abb. 3.4. Für den Fall, das außerhalb des thermodynamischen Gleichgewichts eine Ru-Mn-Schicht erzeugt werden kann, z. B. mittels Co-Sputtern, ist eine Segregation des Mn und damit eine selbstformierende Barriere in Analogie zu Cu-Mn denkbar. Wie in Abschnitt 2.2.5 beschrieben, müssen mehrere Faktoren für das Entstehen einer selbstformierenden Barriere erfüllt sein. U. a. müsste das Mn eine hohe Diffusivität in Ru besitzen. Zahlenwerte dafür sind aus der einschlägigen Literatur nicht zu entnehmen, es besteht aber zumindest theoretisch die Aussicht auf eine exzellente Cu-Barrierewirkung aufgrund der zu erwartenden Verstopfung von Korngrenzen und Defekten im Ru, sowie die Möglichkeit einer Mn-Segregation, da das (Miss-)Verhältnis der Atomradien Ru:Mn noch größer ist als für Cu:Mn, ein Kriterium, das häufig angewendet wird, um die Diffusivität eines Stoffes A in B abzuschätzen. Es stehen bislang keine Informationen zur Herstellung bzw. zu den physikalischen Eigenschaften von Ru-Mn-Schichten zur Verfügung. Demzufolge ist auch nichts über ihre mögliche Cu-Barrierewirkung, Cu-Benetzung, Galvanisierbarkeit und thermische Stabilität bekannt. Im Zusammenhang mit PVD-Ru-Mn-Schichten widmet sich die vorliegende Arbeit nun diesen Fragestellungen.

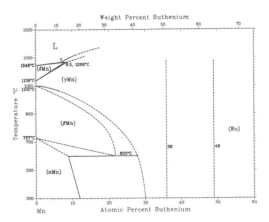

Abbildung 3.4: Binäres Zustandsdiagramm Ru-Mn [75]. Es existieren keine intermetallischen Phasen von Ru mit Mn und die Festkörperlöslichkeit von Mn in Ru ist nahezu null.

4 Experimentelle Methoden

4.1 Untersuchung der Barrierewirkung gegen Cu-Diffusion

4.1.1 Stand der Technik

Bei der Untersuchung der Barrierewirkung dünner Schichten gegen Cu-Diffusion kommen bislang häufig analytische Verfahren (XPS, XRD, TEM) in Kombination mit thermischer Belastung zum Einsatz [14, 141], dabei wird jedoch die Drift von Cu-Ionen, hervorgerufen durch ein äußeres elektrisches Feld, nicht berücksichtigt. Elektrische Stressmethoden wie TZDB, TDDB [16, 37, 110, 111, 149] oder BTS-CV [8] geben Auskunft über die Degradation eines Bauelementes *infolge* einer Cu-Felddrift, sie erlauben jedoch keinen quantitativen Vergleich der Anzahl von diffundierten Cu-Ionen für unterschiedliche Barrieren. Hierzu ist in den letzten Jahren die Triangular Voltage Sweep (TVS) Methode [84] in Kombination mit BTS in Betracht gezogen worden. [26, 27, 133]. Die TVS-Methode wurde ursprünglich zur Charakterisierung der Qualität eines thermischen Oxids genutzt, dadurch gekennzeichnet, wie viele Verunreinigungen an K^+ und Na^+ sich im SiO_2 befanden [59, 95]. Die TVS-Methode ist in der Lage, weniger als ca. 10^9 Ionen/cm^2 zu detektieren und basiert auf einer Messung des Verschiebungsstroms, der durch eine langsame lineare Spannungsrampe bei erhöhten Temperaturen in einem Dielektrikum hervorgerufen wird. Dabei entsteht ein ionischer Peak des Verschiebungsstroms, dessen Fläche proportional zur gesamten jeweiligen ionischen Raumladung ist. Eine ausführliche Erläuterung der Messmethode sowie in dieser Arbeit gefundene Abhängigkeiten ihrer Parameter sollen im Folgenden beschrieben werden, mit dem Ziel, eine Standard-Testbedingung zur Bewertung der Cu-Barrierewirkung abzuleiten.

4.1.2 Teststruktur

Für den Test der Cu-Barrierewirkung auf elektrischem Wege empfiehlt sich die Anordnung einer MIS-Kapazität (Metal-Insulator-Semiconductor, dt.: Metall-Isolator-Halbleiter), da diese neben BTS-, TVS-, TDDB- und TZDB- auch C(t)-Messungen zur Bestimmung der Minoritätsladungsträgerlebensdauer im Si erlaubt, die durch Einlagerung von Cu im Si-Gitter beeinflusst wird [104]. Abb. 4.1 veranschaulicht den schematischen Aufbau einer MIS-Struktur: Der Cu-Film und die Barriereschicht bilden den metallischen Kontakt auf einer Isolatorschicht, die auf dem darunter befindlichen Halbleiter (Si-Wafer) abgeschieden wurde. Als Isolator ermöglicht hierbei ein thermisches Oxid aufgrund seiner hohen Durchbruchsfestigkeit die Auffächerung der Cu-Barrierewirkung im Bereich hoher Stress-Temperaturen und -Feldstärken, d. h. es ist in besonderem Maße für die grundlegende Untersuchung eines neuartigen Barrierematerials geeignet. Das Verhalten eines vielversprechenden Barrieresystems sollte darüber hinaus ebenso auf low-k-Dielektrika getestet werden, da dessen Porösität, chemische Zusammensetzung und Feuchtigkeitsgehalt die Barrierewirkung erheblich beeinträchtigen können [57]. In dieser Arbeit bildeten 300 mm Wafer mit 100 nm thermischem Oxid aus der Produktion von AMD oder Infineon die Grundlage für alle Barriereuntersuchungen.

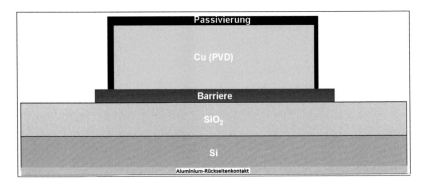

Abbildung 4.1: In dieser Arbeit verwendete MIS-Teststruktur zur Charakterisierung der Cu-Barrierewirkung unterschiedlicher Barriereschichten auf thermischem SiO_2, anhand von BTS-/ TVS-, TZDB-, TDDB-Messungen (schematisch).

Die Abscheidung von Barriere-/ Keimschicht und Cu-Metallisierung sollte ganzflächig und ohne Vakuumunterbrechung erfolgen, so dass die Kontinuität der Barriereschicht gesichert ist und deren Oxidation vermieden wird. Das Benutzen einer Schattenmaske zur gleichzeitigen Schichtabscheidung und -strukturierung bzw. eine fotolackunterstützte Lift-off-Abscheidung des Schichtstapels haben sich nicht bewährt, da das Cu am Rand der Teststruktur u. U. nicht vollständig von Barrierematerial umgeben ist. Ursache dafür ist eine technologiebedingte Inhomogenität der Schichtabscheidung an kritischen Stellen, vor allem an konvexen Stufen. Die Teststrukturen wurden daher unter Verwendung dreier Masken aus einem ganzflächigen Schichtstapel von Barriere-/ Keimschicht und Cu-Metallisierung heraus erzeugt. Die Strukturierung der Cu-Schicht erfolgte nasschemisch in 5%-iger Ammoniumpersulfat-Lösung mittels einer ersten Maske. Das Ätzen der Barriereschicht erfolgte nach Aufbringen einer zweiten Maske, dafür stellte das Ar-Sputterätzen eine effektive Strukturierungsmethode dar; andernfalls hätten RIE-Prozesse speziell für jedes Material entwickelt werden müssen, was sich insbesondere für Kompositschichten als zeitaufwendig und prozesstechnisch herausfordernd erwies. Einfache Ru- und TaN-Schichten konnten hingegen leicht durch die Arbeitsgase O_2 und CF_4 geätzt werden, verbunden mit dem Vorteil eines überwiegend chemischen Materialabtrags, der schonender für das unterliegende Dielektrikum im Vergleich zum Sputterätzen ist. In dieser Arbeit wurde davon z. B. für PVD-Ru bzw. PEALD-Ru-C und PVD-TaN bzw. PEALD-TaNC Gebrauch gemacht. Eine die Teststruktur abschließende Passivierung diente dem Fernhalten von Feuchtigkeit und der Vermeidung einer Oxidation des Cu bzw. der Barriere, die den Ausfall des Bauelements während der Tests in unerwünschter Weise beschleunigen würden. Die Wirksamkeit von TaN oder TaSiN als Passivierungsschicht ist dazu mit XPS-Tiefenprofilmessung untersucht und bestätigt worden. Mittels einer dritten Maske und Lift-off Abscheidung wurde die Passivierung zwischen innerem Cu-Dot und äußerem Barriere-Dot platziert, wie in Abb. 4.1 dargestellt, da im freigelegten Oxid Sputterschäden auftraten, die - sofern man diese Flächen mit der Passivierung kontaktierte - einen frühen Ausfall der Teststruktur infolge dielektrischen Durchbruchs verursachten.

Da unvermeidlich auch eine gewisse Unterätzung bzw. Schädigung des Oxids am Rand der zweiten Maske während des Sputterätzens der Barriere auftritt (aus der Ionenimplantation ist bekannt, dass Teilchen

zwischen 1 s und 10 s, zwischen 50 sccm und 100 sccm, sowie zwischen 5 s und 20 s variiert. In Abb. 5.2 ist die Abscheiderate des untersuchten Ru-PEALD-Prozesses in Abhängigkeit von der Temperatur dargestellt. Ein typisches ALD-Fenster existiert im Bereich zwischen 200 °C und 350 °C, d. h. das Schichtwachstum ist in diesem Temperaturbereich selbstbegrenzend, auf ca. 0,39 Angström je Zyklus. Die an dieser Stelle nicht dargestellten Abhängigkeiten der Abscheiderate von der Präkursoreinwirkzeit, den Spülzeiten und der Plasmadauer stimmten gut mit den Ergebnissen von Kwon et al. überein, die ein NH_3-Plasma verwendeten [62]. Für die Gesamtheit aller folgenden Ru-PEALD-Versuche in dieser Arbeit bestand die optimierte ALD-Sequenz aus einem 3 s-Präkursorpuls, einer 10 s-Ar-Spülung, einer 15 s-Plasmaeinwirkung sowie einem erneuten 10 s-Ar-Spülschritt. Die Zeiten für die einzelnen PEALD-Teilschritte haben sich als angemessen erwiesen in dem Sinne, dass ein sicheres ALD-Regime gewährleistet ist. Weitere Parameter wurden individuell angepasst für die jeweilige Beschichtungsaufgabe.

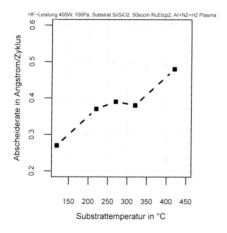

Abbildung 5.2: Abscheiderate des untersuchten Ru-PEALD-Prozesses in Abhängigkeit von der Substrattemperatur, zwischen 200 °C und 350 °C ein typisches ALD-Fenster anzeigend. Das Schichtwachstum war in diesem Temperaturfenster selbstbegrenzend auf ca. 0,39 Angström je Zyklus (insgesamt 400 Zyklen).

Abb. 5.3 a) stellt die gemessenen Ru-Schichtdicken auf verschiedenen Substraten nach 400 Zyklen Ru-PEALD in Abhängigkeit des Mischungsverhältnisses von H_2 / N_2 während der Plasmaphase dar. In Abb. 5.3 b) ist der zugehörige Schichtwiderstand dieser Proben aufgetragen. Eine Abscheiderate von ca. 0,37 Angström je Zyklus und ein Schichtwiderstand von ca. 50 $\Omega/\square$ wurde auf Si-basierten, dielektrischen Substraten beobachtet, d. h. das Mischungsverhältnis von H_2 / N_2 hatte hier keinen Einfluss auf das Ru-Schichtwachstum. Im Gegensatz dazu erfolgte das Aufwachsen einer Ru-Schicht auf TaN-Substraten sehr viel langsamer als auf SiO_2. Ähnliches Verhalten hatten bereits Kim et al. [53] und Xie et al. [141] beobachtet, nicht jedoch Park et al. [90].

Die Aufklärung dieses aus produktionstechnischer Sicht nachteiligen Verhaltens erforderte eine intensive

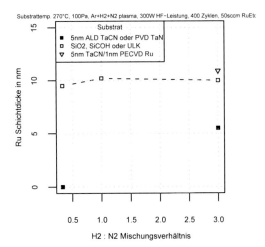

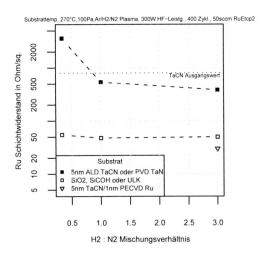

Abbildung 5.3: a) Ru-Schichtdicken (oben) und
b) Ru-Schichtwiderstände verschiedener Proben nach 400 Zyklen Ru-PEALD, in Abhängigkeit des Mischungsverhältnisses von H_2 / N_2. Auf TaN-Substraten wurde teilweise ein ionenphysikalischer Abtrag bzw. Implantation des TaN in SiO_2 beobachtet (siehe auch Abb. 5.5, 5.6). Das Einfügen einer 1 nm PECVD-Ru-Bekeimungsschicht in situ vor Beginn der Ru-PEALD verhinderte diese Art von Effekten (siehe Abb. 5.7).

Analyse mittels TEM, deren Ergebnisse im Folgenden betrachtet werden sollen: Abb. 5.4 zeigt eine homogene Ru-PEALD-Schicht auf einem Si/SiO_2-Substrat, ebenso ihre wohldefinierte Grenzfläche. Das zyklenweise Wachstum einer Ru-Schicht auf Si/SiO_2-Substraten war möglich, weil während des Plasmazyklus das Masseninkrement bzw. die Schichtdickenzunahme stets größer war als der gleichzeitig erfolgende ionenphysikalische Abtrag an der Probenoberfläche. Es darf angenommen werden, dass auf dem Si/SiO_2-Untergrund im Präkursorpuls flächendeckend Präkursormoleküle adsorbierten und mithin die Energie des Plasmas zu großen Teilen auf die Reduktion des Präkursors verwendet werden konnte.

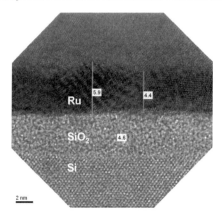

Abbildung 5.4: HRTEM-Aufnahme einer PEALD-Ru-C-Schicht auf einem planaren Si/SiO_2-Substrat.

Im Gegensatz dazu veranschaulichen die Abb. 5.5 und Abb. 5.6, wie eine PEALD-TaNC-Schicht bzw. noch darunter befindliche Schichten während der Ru-PEALD beschädigt wurden, vorwiegend an horizontalen Flächen. An vertikalen Oberflächen zeigte sich dieser Ätzeffekt hingegen nicht. Aus den Abbildungen 5.5 und 5.6 geht vermutlich die Ursache für den erhöhten Schichtwiderstand in Abb. 5.3 hervor, dass nämlich auf TaN-Substrate in unterschiedlichem H_2/N_2 Mischungsverhältnis einwirkende Plasmen ein (unterschiedlich stark ausgeprägtes) reaktives Ionenätzen des TaN bewirkten (Auswirkung unterschiedlicher Ar-Anteile hier nicht untersucht, Ar-Anteil jeweils konstant). Es wurde aufgrund des verzögerten Schichtwachstums ferner geschlussfolgert, dass während der ersten PEALD-Zyklen nur geringe Mengen an Ru-Präkursor auf den TaN- bzw. TaO-Oberflächen adsorbierten. Infolgedessen wurde wahrscheinlich ein Großteil der durch Ionenbeschuss eingebrachten Energie während des Plasmapulses auf das Sputterätzen horizontaler TaN-Oberflächen verwendet, z. T. sogar auf ein Hineintreiben (Implantation) von Ta-Atomen in das Si-Substrat. In Abb. 5.3 b) ist ersichtlich, dass der Schichtwiderstand von TaN-Proben dann u. U. auf ein Niveau deutlich über dessen Ausgangswert ansteigt. Dieses Problem der TaN-RIE bzw. -Implantation konnte gelöst werden, indem unmittelbar vor Beginn der Ru-PEALD eine 1 nm dünne Bekeimungsschicht auf TaN-Oberflächen mittels Ru-PECVD erzeugt wurde. Abb. 5.7 zeigt die entsprechende TEM-Aufnahme nach (bzgl. Abb. 5.6) identischer Ru-PEALD von 400 Zyklen. Das Schichtwachstum erwies sich nicht länger als behindert, gleichbedeutend mit einem geringfügig unter dem Wert für Si-basierte Substrate liegenden Schichtwiderstand der Probe, da nunmehr auch die TaNC-Schicht effektiv zur Gesamtleitfähigkeit des Schichtsystems beitrug. Aus Abb. 5.7 ist außerdem ersicht-

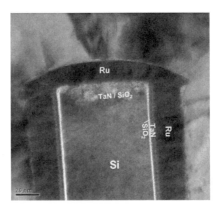

Abbildung 5.5: TEM-Bild einer PEALD-Ru-C-Schicht auf PEALD-TaNC, abgeschieden auf/in einen Si-Nanograben. An horizontalen Oberflächen konnte eine Beschädigung und Implantation von TaNC beobachtet werden, glatte Schichten bzw. Grenzflächen im Gegensatz dazu an vertikalen Oberflächen, die während der Plasmaphase vergleichsweise geringerem Ionenbeschuss ausgesetzt waren.

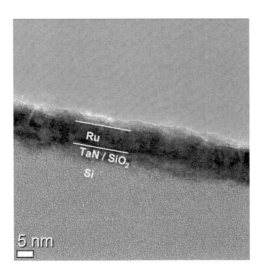

Abbildung 5.6: TEM-Aufnahme einer PEALD-Ru-C-Schicht auf PEALD-TaNC. Ausgangssubstrat: Si/SiO_2/5 nm PEALD-TaNC. Ätzen und Implantation von TaNC an horizontalen Flächen wurde beobachtet.

lich, dass die Ru-Schichtdicke nach gleicher Anzahl von Ru-PEALD-Zyklen deutlich größer ausfiel als in Abb. 5.6; selbst die TaO-Schicht an der Oberfläche des TaN ist noch erhalten, weil kein ionenphysikalischer Abtrag des TaO bzw. TaN erfolgte, sondern das Wachstum einer Ru-Schicht unmittelbar mit den ersten Zyklen der Ru-PEALD begann. Der beschriebene Lösungsansatz kann als selbstjustierender Prozess angesehen werden, da die dünne Schutz- bzw. Bekeimungsschicht nur an horizontalen Flächen erforderlich zu sein scheint, und, aufgrund der (einstellbar) schlechteren Konformität der Ru-PECVD, im Innern des Grabens nur der Bruchteil eines Nanometers durch die Ru-Bekeimungsschicht beansprucht wird. Alternativ besteht die von Choi et al. [19] vorgeschlagene Möglichkeit der zweifachen Präkursoreinspeisung und -spülung innerhalb eines ALD-Zyklus, um die durch TaN-Substrate verursachte Ru-Inhibierung zu überwinden. Auch die Verwendung eines mit geringerem Ionenbeschuss verbundenen Remote-Plasmas oder die Vorbehandlung der Oberfläche sind denkbar.

Abbildung 5.7: TEM-Aufnahme einer 1 nm PECVD-Ru-C / PEALD-Ru-C-Schicht auf PEALD-TaNC. Ausgangssubstrat: Si/SiO_2/5 nm PEALD-TaNC. Eine dickere Ru-Schicht als in Abb. 5.6 bildete sich auf TaNC durch Einfügen der 1 nm Bekeimungsschicht. Natives SiO_2 und TaO sind zudem erhalten geblieben, da kein ionenphysikalischer Abtrag erfolgte.

5.1.3 PECVD-Ru-Schichten

Bei der Abscheidung von Ru im PECVD-Modus gelangen - im Gegensatz zur PEALD - der Ru-Präkursor und das Ar/N_2/H_2-Gasgemisch gleichzeitig in die Kammer, währenddessen ein Plasma kontinuierlich aufrecht erhalten wird, siehe Abb. 5.1 (rechts). Die Prozessgas- und Trägergasflüsse wurden zunächst innerhalb eines Standardprozesses variiert, um eine optimale Präkursorausnutzung zu erhalten. Es hat sich gezeigt, dass eine zu geringe Menge an Präkursor bzw. Trägergasfluss den Abscheideprozess deutlich verlangsamt und sich zudem nachteilig auf die Uniformität der Schichtdicke auswirkt, bezogen auf einen 200 mm Wafer. Eine im Verhältnis zu den eingestellten Flüssen an Ar, N_2 und H_2 zu hohe Menge an Trägergasfluss bewirkt dagegen eine Übersättigung des Plasmas bzw. der Waferoberfläche mit

Präkursor, der infolgedessen nicht mehr vollständig reduziert werden kann und sich daher mit noch gebundenen Methyl- bzw. Ethylgruppen in die Schicht einlagert. Ein dementsprechend erhöhter Grad an Verunreinigungen führt zu einem stark erhöhten spezifischen Widerstand, der auch optisch zu erkennen ist; unreine Ru-Schichten neigen zu dunkelgrauer bis leicht bräunlicher Färbung, währenddessen hochreine Ru-Schichten silbrig hell erscheinen. Erwartungsgemäß übten diverse weitere Parameter, wie die Substrattemperatur, die eingekoppelte Leistung, der Kammerdruck, die Abscheidedauer etc. einen Einfluss auf die Prozess- und Schichteigenschaften aus - vornehmlich auf den spezifischen Widerstand respektive die Schichtreinheit, auf die Abscheiderate, auf die Schichtmorphologie sowie auf die Qualität der galvanischen Cu-Beschichtung. Innerhalb einer Versuchsreihe zur Untersuchung dieser Parameter wurde i. d. R. eine Zielschichtdicke von 20 nm für die PECVD und 10 nm für die PEALD angestrebt, zwecks der Vergleichbarkeit innerhalb einer Parametervariation, bei einer mindestens dreifachen Wiederholung des jeweiligen Versuchs: Die Verringerung der eingekoppelten Plasmaleistung führte z. B. zu einer deutlichen Verringerung der PECVD-Abscheiderate. Würde man nun den spezifischen Widerstand der mit unterschiedlichen Leistungen erzeugten Ru-Schichten anhand unterschiedlicher Schichtdicken vergleichen, so bliebe ungeklärt, inwiefern die aufgetretenen Unterschiede vom „size-effect" verursacht wurden, bzw. inwiefern sie tatsächlich intrinsische Schichteigenschaften repräsentieren.

In Abb. 5.8 ist die Abhängigkeit der Abscheiderate für die PECVD von Ru von der Substrattemperatur dargestellt, das Verhalten eines thermisch aktivierten Prozesses aufweisend, wie es für CVD-Prozesse außerhalb der Transportbegrenzung charakteristisch ist. Auch bei niedrigen Temperaturen wird eine (sehr unreine) Ru-Schicht abgeschieden, da zwar Präkursor kondensiert, jedoch aufgrund ges geringen thermischen Energieeintrags nicht ausreichend reduziert werden kann. Bei Temperaturen um $350\,°C$ setzt die thermisch aktivierte Selbstzersetzung des Präkursors ein, sodass für höhere Prozesstemperaturen weniger zusätzliche Plasmaenergie erforderlich ist, um metallisches Ru zu erzeugen, bzw. bei gleichbleibender Plasmaleistung deutlich mehr Ru abgeschieden werden kann (d. h. die Abscheiderate steigt), sofern die Diffusionsbegrenzung dies nicht einschränkt.

Der Einfluss des Kammerdrucks auf die Abscheiderate der erzeugten Ru-Schicht wird durch Abb. 5.9 veranschaulicht. Bei Prozessdrücken unterhalb von 50 Pa war die Abscheiderate sehr gering bzw. es wurde keinerlei Schicht abgeschieden. Trotz der Tatsache, dass das Substrat auf Massepotential lag (Wafer ist nicht verbunden mit HF-Elektrode), konnte bei niedrigen Drücken z. T. eine Zerstörung/ Ätzung der Waferoberfläche optisch nachgewiesen werden. In diesem Regime war der ionenphysikalische Abtrag der Schicht, hervorgerufen durch Ionenbeschuss aus dem Plasma heraus, offenbar größer als die parallel ablaufende Schichterzeugung. Der starke Ionenbeschuss bei niedrigen Drücken kann damit erklärt werden, dass sich bei niedrigen Drücken nicht nur die DC-Biasspannung an der HF-Elektrode erhöht, sondern auch das Plasmapotential - mithin die eine Beschleunigung von Ionen verursachende Potentialdifferenz zwischen Plasma und Substrat. Darüber hinaus wurden aufgrund der bei niedrigen Drücken weit offen stehenden Drosselklappe vermutlich große Mengen an Präkursor abgesaugt (kurze Residenzzeit an der Substratoberfläche). Mit ansteigendem Prozessdruck erhöhte sich hingegen die Abscheiderate, bis ein Sättigungsniveau von ca. 0,8 nm/min erreicht wurde, bezogen auf die für alle Experimente standardmäßig verwendeten, konstant gehaltenen Arbeitsgasflüsse (auch Ru-Präkursorfluss!). Dies kann im Wesentlichen damit erklärt werden, dass sich bei steigenden Drücken die Residenzzeiten von Präkursor und Arbeitsgasen an der Substratoberfläche erhöhten. Gleichzeitig verringerte sich aber auch das Plasmapotential und dadurch die Intensität des Ionenbeschusses bzw. ionenphysikalischen Abtrags. Eine

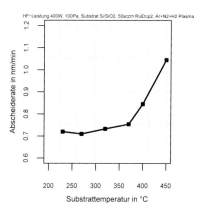

Abbildung 5.8: Abscheiderate vs. Substrattemperatur für die PECVD von Ru, das Verhalten eines thermisch aktivierten Prozesses aufweisend. Die Abscheideraten liegen in der Größenordnung von nm/min und steigen mit erhöhter Substrattemperatur.

Erhöhung der Arbeitsgasflüsse (bei erhöhtem Druck, p = 500 Pa) um 30 % führte schließlich zu einer noch verbesserten Präkursorausnutzung im Sinne einer gesteigerten Abscheiderate, denn bei gleichem Ru-Präkursorfluss wurde nunmehr eine größere Ru-Schichtdicke erzielt. Da dieses Experiment bei ca. 270 °C, also noch unterhalb der thermischen Selbstzersetzung des Präkursors durchgeführt wurde, ist davon auszugehen, dass die größere zur Verfügung stehende Menge an Reaktionsgas förderlich war, um den Präkursor effektiver zu reduzieren (im Gegensatz zur gesteigerten Abscheiderate aufgrund erhöhter Temperaturen, bei denen der Präkursor zunehmend selbst zerfällt, d. h. der äußere chemische Angriff durch das Reaktionsgas eher an Bedeutung verliert).

Der Anteil an Verunreinigungen in PECVD-Ru-Schichten ist mit unterschiedlichen analytischen Methoden untersucht worden. Abb. 5.10 zeigt die Verteilung von Ru-, C- und Ta-Atomen innerhalb eines PECVD-Ru-C/PVD TaN Schichtstapels, aufgenommen mittels der 3D-Atomsondenanalyse. Darin wird deutlich, dass sich z. T. erhebliche Mengen an Kohlenstoff in Ru-PECVD-Schichten homogen einlagerten.

Quantitative Aussagen zum Gehalt an Ru-, C- und H-Atomen wurden anhand von ERDA-Messungen gewonnen, siehe Abb. 5.11. Die Messungen belegen, dass Ru-Konzentrationen von mehr als 90 at.-% durch Anpassung der Prozessparameter wie Abscheidetemperatur und HF-Leistung erreicht werden können. Verallgemeinert ausgedrückt war die Ru-Konzentration umso höher, je höher die Abscheidetemperatur und/ oder die Plasmaleistung waren. In Abb. 5.11 sind die Ru-Konzentrationen diverser PECVD-Ru-C-Schichten als Funktion der Abscheidetemperatur aufgetragen (linke Achse). Mit einer Erhöhung der Abscheidetemperatur ging eine Erhöhung des Ru-Gehaltes in der Schicht einher. Z. B. detektierte ERDA ca 80 at.-% Ru in einer Probe, die bei 200 °C Substrattemperatur abgeschieden wurde, darüber hinaus auch ca. 10 at.-% C, 6.7 at.-% H, 3 at.-% N und 0.4 at.-% O. Demgegenüber enthielten bei höheren Temperaturen abgeschiedene Proben (z. B. 320 °C) mehr als 90 at.-% Ru, und nur 2 at.-% C sowie weniger

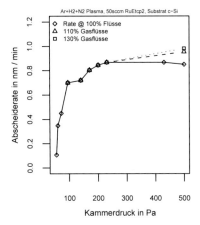

Abbildung 5.9: Abscheiderate für die PECVD von Ru, in Abhängigkeit vom Kammerdruck. Temperatur: 270 °C, Plasmaleistung: 400 W.

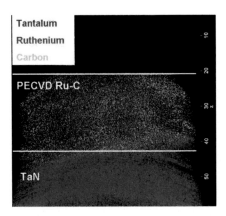

Abbildung 5.10: Verteilung von Elementen in einem PECVD-(Ru-C)/ PVD-TaN-Schichtstapel laut 3D-Atomsondenanalyse. Rot: Ruthenium, hellbau: Kohlenstoff, lila: Tantal. Ein homogener Einbau von Kohlenstoff in PECVD-Ru-Schichten wurde beobachtet.

als 3 at.-% H, 1-2 at.-% N und 2 at.-% O laut ERDA. Die rechte Achse in Abb. 5.11 gibt die Intensität des mit ToF-SIMS gemessenen Kohlenstoffsignals als Funktion der Abscheidetemperatur an. Die eindeutige Korrelation zwischen den Ergebnissen der analytischen Methoden ToFSIMS und ERDA erhärtete die These für das Vorhandensein von Kohlenstoff in den PECVD-Ru-Schichten.

Die mit Ellipsometrie bestimmten Rutheniumkonzentrationen zeigten einen ansteigenden Trend des Ru-Gehalts in Abhängigkeit von der Abscheidetemperatur, ähnlich den quantitativen ERDA-Messungen. Die Absolutwerte für Ru stimmten nur bei 270 °C (sehr gut, Standardprozess), bzw. nur für Temperaturen oberhalb von 270 °C gut mit den ERDA-Werten überein, im Bereich niedriger Abscheidetemperaturen bzw. Schichtqualität ergaben sich deutlichere Abweichungen, das Ellipsometriemodell generierte hier zu hohe Werte. Die Anwendung des Ru-EMA-Modells ermöglicht somit eine schnelle Bestimmung der Ru-Schichtdicke sowie eine relative Abschätzung des Ru-Gehalts in der Schicht - von einer wirklichen Validierung des Modells kann man laut ERDA allerdings nur für relativ reine Ru-Schichten (Ru-Gehalt > 90%) ausgehen.

Die absolute Änderung des ellipsometrischen Ru-Gehalts als Ergebnis der Temperaturvariation erscheint vergleichsweise gering (siehe HF-Leistungsvariation), verursacht aber bereits einen deutlichen Effekt im spezifischen Widerstand, siehe Abb. 5.12: Während eine Schicht mit ca. 90 at.-% Ru einen spezifischen Widerstand von etwa 50 $\mu\Omega$cm aufwies, betrug der spezifische Widerstand für eine Ru-Schicht mit 95 at.-% nur etwa 26 $\mu\Omega$cm.

Der Ru-Gehalt war ferner abhängig von der eingekoppelten Plasmaleistung. Abb. 5.13 zeigt die Abhängigkeit des Ru-Gehalts von der HF-Leistung (linke Achse), bzw. die Abhängigkeit des Kohlenstoffsignals von der Plasmaleistung (rechte Achse). Der mit ToF-SIMS erhaltene Trend für die C-Verunreinigungen wurde von den ellipsometrisch ermittelten Ru-Anteilen hier ebenfalls bestätigt: Eine Verringerung der Plasmaleistung von 400 W (Standardprozess) auf 100-200 W ließ den Ru-Anteil deutlich sinken, den C-Anteil hingegen deutlich ansteigen. Im Vergleich zur Substrattemperatur hatte die HF-Leistung zudem einen größeren Einfluss auf die Kohlenstoffverunreinigungen: 70-95% Ru-Anteil konnten für die Leistungsvariation mathematisch angenähert werden; bestätigt wurde diese größere Schwankungsbreite durch 3-fach höhere ToFSIMS-Intensitäten („unreine" 100 W-Schicht) im Vergleich zu den „unreinen" Schichten der Temperaturvariation (200 °C). Abb. 5.14 zeigt, dass diese Konzentrationsunterschiede den spezifischen elektrischen Widerstand über nahezu 1 Größenordnung beeinflussen. Während eine Ru-Schicht mit ca. 70 at.-% Ru einen spezifischen Widerstand von etwa 130 $\mu\Omega$cm aufwies, betrug der spezifische Widerstand für eine Ru-Schicht mit 97 at.-% Ru weniger 20 $\mu\Omega$cm.

Die Abb. 5.15 enthält Röntgenbeugungsspektren (XRD-Graphen) von PECVD-Ru-C-Schichten gleicher Dicke, die jedoch mit unterschiedlich gewählten Prozessparametern abgeschieden wurden. Die Auswirkung der Substrattemperatur bzw. der Plasmaleistung auf die Schichtmorphologie war vergleichsweise gering; alle Graphen wiesen die für Ru typischen drei Beugungsreflexe der hexagonalen Packung auf, lediglich der (002)-Beugungsreflex variierte in Abhängigkeit von den Prozessparametern als eine mehr oder weniger ausgeprägte Schulter des (101)-Beugungsreflexes. Hohe Substrattemperaturen bewirkten dessen stärkere Ausprägung. Bei niedrigen HF-Leistungen konnte zudem ein Abflachen des (101)-Reflexes beobachtet werden. Diese geringfügigen Unterschiede bezüglich der Schichtmorphologie könnten auf die unterschiedlichen C-Konzentrationen in den Schichten zurückzuführen sein.

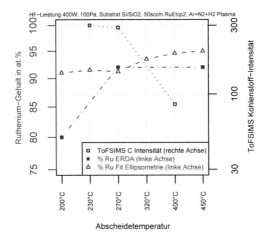

Abbildung 5.11: Ru-Konzentrationen diverser PECVD-Ru-C-Schichten als Funktion der Abscheidetemperatur. Linke Achse: Ru-Gehalt lt. ERDA und Ellipsometrie (blau). Rechts: Kohlenstoff-Intensität (ToF-SIMS). Mit einer Erhöhung der Abscheidetemperatur ging eine Erhöhung des Ru-Gehaltes bzw. eine Verringerung des C-Gehaltes in der Schicht einher.

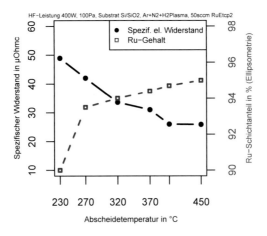

Abbildung 5.12: Spezifischer elektrischer Widerstand diverser PECVD-Ru-C-Schichten (20 nm) als Funktion der Abscheidetemperatur. Linke Achse: Spezifischer el. Widerstand in $\mu\Omega$cm. Rechts: Ru-Gehalt lt. Ellipsometrie (blau). Die vergleichsweise geringen Konzentrationsunterschiede für Ru verursachten bereits einen deutlichen Effekt im spezifischen Widerstand.

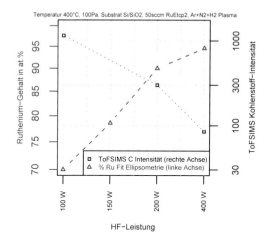

Abbildung 5.13: Abhängigkeit des Ru-Gehalts (linke Achse) und Abhängigkeit des Kohlenstoffsignals (rechte Achse) von der HF-Plasmaleistung. Mit einer Erhöhung der Plasmaleistung ging eine Erhöhung des Ru-Gehaltes bzw. eine Verringerung des C-Gehaltes in der Schicht einher. Der mit ToF-SIMS erhaltene Trend für C-Verunreinigungen wurde indirekt durch die ellipsometrisch ermittelten Ru-Anteile bestätigt.

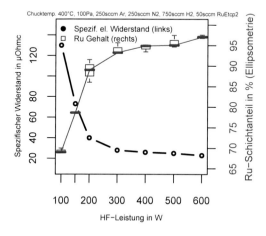

Abbildung 5.14: Spezifischer elektrischer Widerstand diverser PECVD-Ru-C-Schichten (20 nm) als Funktion der HF-Leistung. Linke Achse: Spezifischer el. Widerstand in $\mu\Omega$cm. Rechts: Ru-Gehalt lt. Ellipsometrie (blau). Die Konzentrationsunterschiede für Ru verursachten einen deutlichen Effekt im spezifischen Widerstand über nahezu eine Größenordnung hinweg.

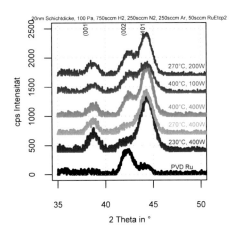

Abbildung 5.15: Röntgenbeugungsreflexe (XRD-Graphen) für unterschiedlich hergestellte PECVD-Ru-C-Schichten. Die geringfügigen Unterschiede bezüglich der Schichtmorphologie könnten auf die unterschiedlichen C-Konzentrationen in den Schichten zurückzuführen sein. Unterschiede zu PVD-Ru siehe Abb. 6.4.

5.2 Abscheidung von Ru-Mischschichten (Ru-Komposite)

5.2.1 PVD-Ru-Ta(N)- und Ru-W(N)-Schichten

PVD-Ru-Ta- und Ru-W-Dünnschichten mit unterschiedlichem Ru-Gehalt wurden mittels simultanem (Co-)Sputtern von Ru-, Ta-, und WRe_6-Targets hergestellt. Die zugehörigen Nitride dieser Schichten, d. h. RuTaN- bzw. RuWN-Filme wurden reaktiv gesputtert, mit Hilfe eines partiellen N_2-Flusses, der zusätzlich zum Ar-Arbeitsgas eingeleitet wurde. Die unterschiedliche Stöchiometrie der untersuchten Schichten entstand durch Variation der eingekoppelten Plasmaleistung (wahlweise DC oder HF) am jeweiligen Magnetron, mithin durch Variation der Sputterrate am jeweiligen Target (siehe dazu Tabelle 7.1 im Anhang). Abb. 5.16 stellt das Ergebnis einer Rutherford-Rückstreu-Analyse (RBS-Tiefenprofil) der mit parallelem Co-Sputtern zweier Targets abgeschiedenen Probe „$Ru_{50} - W_{40}N_{10}$" dar. Diese $Ru - W - N$-Schicht enthielt im Mittel 59 at.-% Ru, ca. 32 at.-% W+Re und ca. 7 at.-% N. $Ru - Ta - N$-Schichten wurden im Drehbetrieb, d. h. exakt betrachtet nicht mittels simultanem Co-Sputtern abgeschieden, sondern als Schichtstapel sehr dünner Einzellagen (< 1 nm). Mit Analysemethoden wie z. B. XPS konnte keine Periodizität der einzelnen Schichtlagen nachgewiesen werden. Abb. 5.17 zeigt das mit 3D-Atomsondenanalyse gemessene Tiefenprofil der im Drehbetrieb mit „Co"-Sputtern erzeugten $Ru_{65} - TaN_{35}$-Schicht. Sie enthielt im Mittel 65 at.-% Ru, jeweils 16 at.-% N und Ta, sowie ca. 1,5 at.-% O, in sehr guter Übereinstimmung mit den RBS-Ergebnissen. Man erkennt zudem, dass hier eine alternierende Schichtfolge entstanden ist, mit ca. 0,7 nm pro Ru- bzw. TaN-Schicht. Diese Sandwich-Strukturen mit einer Modulation von wenigen Atomlagen pro Schicht können demnach als Nanolaminat eingestuft werden. Darüber sind auch Schichten mit einer Modulation von nur 0,1 nm pro Ru- bzw.

TaN-Schicht hergestellt worden, d. h. in einer Abfolge von theoretisch jeweils einer Atomlage Ru oder TaN, was einer idealen Durchmischung gleichkommt. Eine Übersicht der laut extrapolierter Sputterrate angestrebten und i. d. R. dementsprechend bezeichneten Schichten, sowie ihrer mittels XPS und RBS bestimmten tatsächlichen chemischen Zusammensetzung beinhaltet Tabelle 7.2 im Anhang.

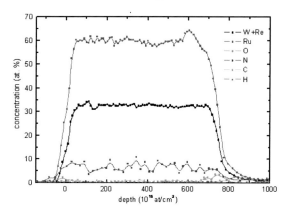

Abbildung 5.16: Rutherford-Rückstreu-Analyse (RBS-Tiefenprofil) der Probe „$Ru_{50} - W_{40}N_{10}$" lt. Tabelle 7.1 und 7.2 (Co-Sputtern). Die Schicht enthielt im Mittel 59 at.-% Ru, ca. 32 at.-% W+Re und ca. 7 at.-% N.

5.2.2 PECVD-Ru-TaNC-Schichten

Die Abscheidung von PECVD-RuTaNC-Schichten basiert auf den zuvor entwickelten PECVD-Einzelprozessen, die wiederholt, innerhalb sog. Superzyklen, sequenziell aufeinander folgen. Abb. 5.18 (rechts) zeigt eine schematische Darstellung des Prozessverlaufs zur Abscheidung von RuTaNC-Schichten mit PECVD. Innerhalb eines Superzyklus, bestehend aus jeweils einer Dünnschichtabscheidung TaNC und Ru-C, kann die jeweilige Prozessdauer, typischerweise wenige Sekunden, im Verhältnis zueinander variiert werden, um die Stöchiometrie des Schichtstapels zu kontrollieren, siehe Abb. 5.19. Das Verhältnis der einzelnen PECVD-Abscheidedauern $t_{Ru}/(t_{Ru} + t_{TaNC})$ war größer als das Verhältnis der erzielten Schichtanteile $at. - \%_{Ru}/(at. - \%_{Ru} + at. - \%_{TaNC})$, weil Behinderungen im Anfangswachstum der Schichten, insbesondere von Ru auf TaNC, sich im Bereich von weniger als 1 nm Schichtdicke deutlich bemerkbar machten. Eine Übersicht der wichtigsten verwendeten Abscheideparameter zeigt Tabelle 7.3 (siehe Anhang). Eine detaillierte Übersicht zur Herstellung der PECVD-RuTaNC-Schichten, sowie der verschiedenen XPS-Tiefenprofile findet sich in einer Diplomarbeit von Li [45]. Die Anzahl der Superzyklen innerhalb einer festen Schichtdicke bestimmte den Grad der Durchmischung, d. h. ob ein Nanolaminat oder u. U. sogar nahezu eine Mischschicht erzeugt wurde. PECVD-Ru-TaNC-Schichten sind in dieser Arbeit mit 4-15 Superzyklen hergestellt worden (bezogen auf 15 nm Zielschichtdicke) und können vermutlich bis 11 Superzyklen als Nanolaminate angesehen werden, wie die TEM- bzw.

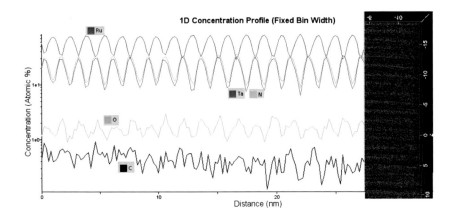

Abbildung 5.17: 3D-Atomsondenanalyse-Tiefenprofil (logarithmische Konzentrationsachse) der „$Ru_{65} - TaN_{35}$"-Schicht (im Drehbetrieb). Die Probe enthielt im Mittel 65 at.-% Ru, jeweils 16 at.-% N und Ta, ca. 1,5 at.-% O, vergleichbar zu den RBS-Ergebnissen.

XPS-Analysen an ausgewählten Schichten bezeugten. Rein rechnerisch ergab sich aber für RuTaNC-Schichten mit geringem TaNC-Gehalt, bei einer Schichtdicke von ca. 12 nm und 15 Superzyklen, eine minimale Einzelschichtdicke von nur 0,1 nm für TaNC, bzw. eine minimale Doppelschichtdicke von etwa 0,8 nm. Derartige alternierende Schichtfolgen mit z. T. weniger als 1 nm Periodizität sind nur mit wenigen, sehr aufwendigen analytischen Techniken auflösbar, etwa der 3D-Atomsondenanalyse (siehe PVD-RuTaN-Schichten, voriger Abschnitt; hier nicht verfügbar), oder solchen Analysemethoden, die das Probevolumen mit äußerst geringem Strahldurchmesser für eine hohe Ortsauflösung senkrecht zum Probenquerschnitt durchstrahlen, etwa TEM und EELS.

Abb. 5.20 stellt das Hellfeld-TEM-Bild einer 15 nm PECVD $Ru_{43} - TaNC_{57}$-Schicht, abgeschieden in insgesamt 4 Doppelschichten (Ru-C + TaNC) dar. Der spezifische elektrische Widerstand betrug ca. 590 $\mu\Omega$cm. Rechts im Bild ist ferner die zugehörige Dunkelfeld (HAADF)-STEM-Aufnahme der Schicht im Z-Kontrast dargestellt. Die Intensität des analysierten Elektronenstrahls weist eindeutig insgesamt 4 Maxima für Ru auf, was sich ebenso in EELS- und EDX-Profilen an diesen Proben, sowie in zuvor gemessenen XPS-Tiefenprofilen andeutete (hier nicht dargestellt).

Abb. 5.21 stellt zum Vergleich das Hellfeld-TEM-Bild einer 15 nm PECVD-$Ru_{39} - TaNC_{61}$-Schicht, abgeschieden in insgesamt 8 Doppelschichten (Ru-C + TaNC) dar. Der spezifische elektrische Widerstand betrug ca. 1000 $\mu\Omega$cm. Rechts im Bild ist erneut die zugehörige Dunkelfeld (HAADF)-STEM-Aufnahme der Schicht im Z-Kontrast dargestellt. Die Intensität des analysierten Elektronenstrahls weist hier insgesamt 8 Maxima für Ru auf, was sich gleichfalls in EELS- und EDX-Profilen, sowie in XPS-Tiefenprofilen andeutete. Der spezifische elektrische Widerstand unterschied sich zwischen 4- und 8-Zyklen-Proben stark, was damit erklärt werden kann, dass im Fall der mit nur vier Doppelschichten erzeugten RuTaNC-Schicht „dickere" leitfähige Strompfade existierten, insbesondere die Ru-Lagen, als bei Verwendung von acht (nur halb so dünnen) Doppelschichten, bei denen sich offenbar der oben erläu-

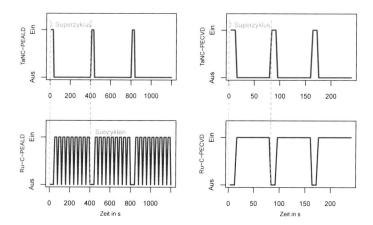

Abbildung 5.18: Schematische Darstellung des Prozessverlaufs zur Abscheidung von RuTaNC-Schichten.

Links: PEALD. Innerhalb eines Superzyklus, bestehend aus jeweils einer Abscheidung TaNC und Ru-C, kann die jeweilige Subzyklenanzahl, typischerweise nur 1 Subzyklus TaNC und 20-100 Subzyklen Ru-C, im Verhältnis zueinander variiert werden, um die Stöchiometrie des Schichtstapels zu kontrollieren

Rechts: PECVD. Innerhalb eines Superzyklus, bestehend aus jeweils einer Abscheidung TaNC und Ru-C, kann die jeweilige PECVD-Abscheidedauer, typischerweise wenige Sekunden, im Verhältnis zueinander variiert werden, um die Stöchiometrie des Schichtstapels zu kontrollieren.

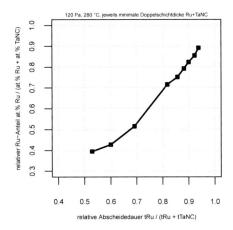

Abbildung 5.19: Erzielter Ru-Anteil in PECVD-RuTaNC-Schichten in Abhängigkeit von der relativen Abscheidedauer $t_{Ru}/(t_{Ru} + t_{TaNC})$, ermittelt anhand von XPS-Tiefenprofilmessung.

terte geometrische „size-effect" in stärkerem Maße auswirkte.

5.2.3 PEALD-Ru-TaNC-Schichten

Die Abscheidung von PEALD-RuTaNC-Schichten basiert auf den zuvor entwickelten PEALD-Einzelprozessen (siehe vorige Abschnitte), die wiederholt, innerhalb sog. Superzyklen, sequenziell aufeinander folgen. Abb. 5.18 (links) zeigt eine schematische Darstellung des Prozessverlaufs zur Abscheidung von RuTaNC-Schichten mit PEALD. Innerhalb eines Superzyklus, bestehend aus jeweils einer Dünnschichtabscheidung TaNC und Ru-C, können die jeweiligen Subzyklen, typischerweise nur 1 Subzyklus TaNC und 20-100 Subzyklen Ru-C, im Verhältnis zueinander variiert werden, um die Stöchiometrie des Schichtstapels zu kontrollieren, siehe Abb. 5.22. Eine Übersicht der wichtigsten verwendeten Parameter zeigt Tabelle 7.4 (siehe Anhang). Die Anzahl der Superzyklen für eine Gesamtschichtdicke von 15 nm bestimmte bei der PEALD den Grad der Durchmischung nur unwesentlich, vielmehr entschied das Subzyklenverhältnis der PEALD-Teilprozesse, ob ein Nanolaminat oder eine Mischschicht erzeugt wird. PEALD-Ru-TaNC-Schichten wurden mit 10-100 Superzyklen sowie mit Subzyklenverhältnissen zwischen 10:1 und 100:1 (Ru-C : TaNC) hergestellt, d. h. mit etwa 15 nm Zielschichtdicke. Sie können sehr wahrscheinlich alle als Mischschichten angesehen werden, wie die TEM- bzw. XPS-Analysen an ausgewählten Schichten offenbarten, weil sich aufgrund des einzelnen „eingeschobenen" PEALD-Zyklus TaNC rein rechnerisch eine Durchmischung im Bereich von nur einer Monolage ergibt. Die realen Ru-Einzelschichtdicken lagen noch deutlich unter den zu erwartenden Werten des Einzelprozesses, weil Behinderungen im Anfangswachstum der Ru-Schichten auf TaNC, ausführlich diskutiert in Abschnitt 5.1.2, sich hier besonders stark auswirkten.

Abb. 5.23 stellt das Hellfeld-TEM-Bild einer 15 nm PEALD $Ru_{90} - TaNC_{10}$-Schicht, abgeschieden im Subzyklenverhältnis 20:1 (Ru:TaNC), mit insgesamt 50 Superzyklen dar. Die einzelnen Lagen konnten

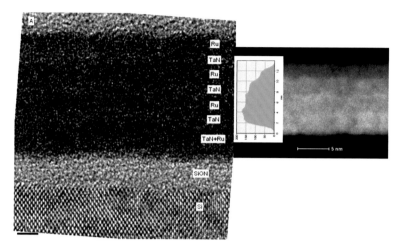

Abbildung 5.20: Links: Hellfeld-TEM-Bild einer 15 nm PECVD $Ru_{43} - TaNC_{57}$-Schicht, abgeschieden in insgesamt 4 Doppelschichten (Ru + TaNC). Spezifischer Widerstand: 590 $\mu\Omega$cm.
Rechts: Dunkelfeld (HAADF)-STEM-Bild der Schicht (Z-Kontrast). Die Intensität zeigt eindeutig insgesamt 4 Maxima für Ru, ebenso die EELS- und EDX-Profile (nicht dargestellt). Einstufung als Nanolaminat.

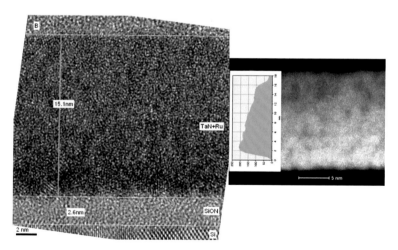

Abbildung 5.21: Links:Hellfeld-TEM-Bild einer 15 nm PECVD $Ru_{39} - TaNC_{61}$-Schicht, abgeschieden in insgesamt 8 Doppelschichten (Ru + TaNC). Spezifischer Widerstand: 1000 $\mu\Omega$cm.
Rechts: Dunkelfeld (HAADF)-STEM-Bild der Schicht (Z-Kontrast). Die Intensität zeigt insgesamt 8 Maxima, die jedoch nur schwach aufzulösen sind, analog zu EELS- und EDX-Profilen (nicht dargestellt). Einstufung als Nanolaminat.

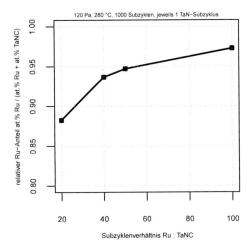

Abbildung 5.22: Erzielter Ru-Anteil in PEALD-RuTaNC-Schichten in Abhängigkeit vom Subzyklenverhältnis Ru:TaNC, ermittelt anhand von XPS-Tiefenprofilmessung.

nicht aufgelöst werden, die gesamte Schicht erscheint als homogener kristalliner Film. Die Netzebenen des Kristalls sind z. T. als „Muster" erkennbar. Der spezifische elektrische Widerstand der Schicht
betrug etwa 100 $\mu\Omega$cm. Rechts in der Abbildung ist die Dunkelfeld (HAADF)-STEM-Aufnahme der
Schicht (Z-Kontrast) eingefügt. Die Intensität von Ru variiert kontinuierlich (keine Maxima), analog
dem gemessenen XPS- Tiefenprofil (nicht dargestellt). Es erfolgte daher eine Einstufung der PEALD-
RuTaNC-Dünnschichten als Kompositschicht. Diese Einschätzung wurde bestätigt durch die späteren
guten Ergebnisse auch der kristallinen Schichten hinsichtlich ihrer Barrierewirkung gegen Cu-Diffusion,
die durch die Verstopfung von Korngrenzen bewirkt wurde und letztlich als Zeichen hervorragender
Durchmischung interpretiert werden kann.

5.2.4 PVD-Ru-Mn-Schichten

Die Abscheidung von Ru-Mn-Schichten erfolgte analog zur Herstellung der Ru-W-Mischschichten in einer mit zwei parallelen 3" Magnetrons ausgestatteten Hochvakuumkammer. Das Mischverhältnis Ru:Mn
ergab sich durch Variation der DC-/HF-Plasmaleistungen, eine tabellarische Übersicht der wichtigsten
Parameter der Co-Sputterabscheidung zeigt Tab. 7.5 (s. Anhang). Demnach beträgt der Mn-Gehalt der
hier untersuchten Schichten zwischen 1 und 15 at.-%.
Die Kalibrierung erfolgte anhand von XPS-Messungen im Tiefenprofil, die Mittelwerte der Ru- und
Mn-Anteile sind in Tab. 7.6 zusammengefasst (s. Anhang); aufgrund der guten Übereinstimmung der
Stöchiometrie der Schichten mit den laut extrapolierter Sputterrate eingeführten Bezeichnungen wurden
diese im weiteren Verlauf der Arbeit beibehalten, z. B. $Ru_{85} - Mn_{15}$ (laut XPS: 84:14). Die Herstellung
der Ru-Mn-Schichten erfolgte am IFW Dresden durch C. Krien und R. Kaltofen.

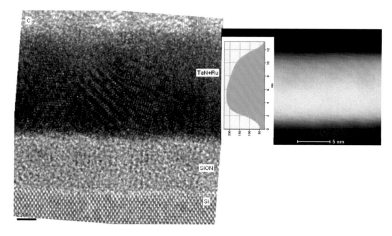

Abbildung 5.23: Links:Hellfeld-TEM Bild einer 15 nm PEALD $Ru_{90} - TaNC_{10}$-Schicht, abgeschieden im Subzyklenverhältnis 20:1 (Ru:TaNC), insgesamt 50 Superzyklen. Die einzelnen Lagen werden nicht aufgelöst, die Schicht erscheint als homogener kristalliner Film. Netzebenen des Kristalls sind erkennbar. $\rho = 100~\mu\Omega$cm.
Rechts: Dunkelfeld (HAADF)-STEM Bild der Schicht (Z-Kontrast). Die Intensität von Ru variiert kontinuierlich (keine Maxima), analog dem XPS Tiefenprofil (nicht dargestellt). Einstufung als Kompositschicht.

5.3 PEALD- und thermische ALD-TaNC-Schichten

Die Abscheidung der in dieser Arbeit verwendeten TaN-basierten Barriereschichten greift in weiten Teilen auf Erfahrungen aus der Literatur zurück, in der Arbeit wurden weiterführende Experimente zur Integration dieser Schichten im Zusammenhang mit low-κ-Dielektrika durchgeführt. Es kommen sowohl rein thermische als auch plasmagestützte ALD-Prozesse zum Einsatz, deren wichtigste Parameter bzw. Schichteigenschaften bereits in der Literatur ausführlich charakterisiert wurden und hier kurz beschrieben werden sollen. Tabelle 7.7 und Tabelle 7.8 (siehe Anhang) geben einen Überblick über die hier angewandten Verfahren.

Thermische ALD-TaNC-Schichten wurden mit zwei unterschiedlichen ALD-Prozessen erzeugt. Der in Tabelle 7.7 mit „II" bezeichnete Prozess nutzt TBTDET (tertiäres butylimid-tri(dimethylamin)-Tantal) als Präkursor und Ammoniak als Reaktanten, sowie Argon als Spülgas, typischerweise innerhalb eines Prozessfensters zwischen 250 °C und 350 °C, bei Drücken um 200 Pa. Er wurde in der gleichen Kammer durchgeführt wie die in den vorigen Abschnitten beschriebenen Ru-basierten PEALD-/ PECVD-Prozesse. Eine umfangreiche Beschreibung der zugehörigen Schichteigenschaften haben Park et al. in [89] veröffentlicht. Die Dichte ihrer amorphen, hochohmigen ($10^7 \mu\Omega cm$) Schichten betrug 3,6 g/cm^3, darin waren ferner große Mengen an C als Verunreinigung (jedoch nicht als Ta-C gebunden) vorhanden, Sauerstoff konnte leicht in diese Filme eindringen. Alternativ dazu wurden thermische ALD-TaNC-Schichten unter Verwendung des Präkursors PDMAT (Pentakis-Dimethylamin-Tantal) in einer kommerziell erhältlichen Fertigungsanlage abgeschieden (thALD-Prozess „I"). Die kurze Gesamtdauer eines ALD-Zyklus von nur 4 s gegenüber 37 s für den im Labor durchgeführten ALD-Prozess „II" zeigt das Potential für eine Verkürzung der Prozessdauern in einem industriell eingesetzten Verfahren, gegenüber einem in der Forschung entwickelten, noch nicht in Bezug auf hohen Durchsatz optimierten Prozess. Eine ausführliche Charakterisierung des PDMAT-Prozesses der Fa. Applied Materials findet sich exemplarisch in einer Veröffentlichung von Wu et al. [140]. Demnach kristallisieren diese Schichten bereits ab einer Dicke von 1,5 nm in der flächenzentrierten, kubischen Struktur der NaCl-Elementarzelle und enthalten neben H, O und C als Verunreinigungen im einstelligen Prozentbereich die Hauptbestandteile N und Ta im Verhältnis > 2:1, d. h. diese Schichten sind stickstoffreich und daher hochohmig. Der hohe N-Anteil lässt eine gute Barrierewirkung gegen Cu-Diffusion erwarten, weil in hohem Maße Korngrenzen verstopft werden. Eine ex situ-Temperung der Schichten bei ca. 600 °C in Vakuum führte zur Ausdiffusion von H, O und C, bzw. zu deren Reaktion miteinander, verbunden mit einer Verdichtung der TaN_x-Schichten und einer Erhöhung auch der Widerstandsfähigkeit gegen das Eindringen von Sauerstoff aus der Umgebung heraus.

Beide Varianten der thermischen ALD wurden jeweils auch als plasmagestützte Verfahren eingesetzt, d. h. nicht mit molekularem NH_3 als Reaktanten, sondern mit Hilfe eines Ar/H_2-Direktplasmas oder eines H_2-remote-Plasmas. Der PEALD-Prozess auf Basis von TBTDET und Ar/H_2-Direktplasma als Reaktant (in Tabelle 7.8 mit „I" bezeichnet) ist Gegenstand einer Untersuchung von C. Hossbach; Details zur Mikrostruktur, chemischen Zusammensetzung und thermischen Stabilität der TaNC-Schichten wurden in [38] publiziert. Ein in der Prozessabfolge und bezüglich des verwendeten Präkursors TBT-DET bzw. der Ar/H_2-Plasmachemie sehr ähnlicher PEALD-Prozess wurde auch auf einer industriellen Plattform der Fa. Novellus getestet und charakterisiert (PEALD-Prozess „II") [127, 126]. Einen direkten Vergleich der thermischen und plasmagestützten ALD-TaNC-Dünnschichten auf Basis des Präkursors TBTDET bietet zudem Park et al. [89]. Demnach sind PEALD-TaNC-Schichten wesentlich leitfähiger (ρ = 160 [38] - 400 [89] $\mu\Omega$cm) und dichter (7,9 g/cm^3), weisen eine kristalline Struktur und eine gute O_2-Barrierewirkung auf. Nahezu 100-%ige Kantenbedeckung wurde mit PEALD in Strukturen mit einem Aspektverhältnis von 10:1 erreicht.

Die plasmagestützte Variante des PDMAT-basierten ALD-Prozesses wurde u. a. von Kim et al. ausführlich beschrieben und charakterisiert (PEALD-Prozess „III") [49]. Sie entspricht dem aktuell auf einer industriellen Plattform der Fa. Applied Materials verfügbaren Prozess. Danach ist die Abscheiderate mit ca. 0.031 nm/Zyklus erheblich kleiner als für den TBTDET-basierten Plasmaprozess, aber auch diese Schichten sind, aufgrund des wesentlich höheren erzielten Ta-Anteils, vergleichsweise sehr gut leitfähig (ρ = 350 $\mu\Omega$cm) und dichter als die thermischen ALD-Schichten auf Basis von PDMAT.

Die Prozessintegration insbesondere der thermischen ALD-TaNC-Schichten birgt auf low-κ-Dielektrika einige Herausforderungen, die im folgenden diskutiert werden sollen. Abb. 5.24 (links) zeigt die TEM-Aufnahme einer thermischen ALD-TaNC-Schicht (Prozess „II") auf einem porösen ultra-low-κ (ULK)-Dielektrikum. Das Schichtwachstum erfolgte nur inselförmig, es bildete sich kein homogener zusammenhängender Film. Ursache dafür ist die ungenügende chemische Reaktionsfreudigkeit der low-κ-Oberfläche, so dass nicht ausreichend Adsorptionsstellen für Präkursormoleküle zur Verfügung stehen. Eine Aktivierung z. B. durch einen HF-Dip führte bereits zu einer wesentlichen Verbesserung des

Schichtwachstums, wie Abb. 5.24 (rechts) deutlich macht. Die TEM-Aufnahme lässt nunmehr einen homogenen TaNC-Film erkennen.

Noch gravierender stellte sich die Problematik der Wachstumsbehinderung in der Anfangsphase der Schichtabscheidung auf geätzten, d. h. mittels RIE strukturierten Proben dar, bei denen offensichtlich die CF_x-basierte Terminierung der low-κ-Oberfläche zu einer völligen Behinderung des Aufwachsens einer thermischen ALD-TaNC-Schicht führte, siehe Abb. Abb. 5.25 (links). Plasmagestützte ALD-Prozesse zeigten sich weniger anfällig für dieses Phänomen, die Energie der Plasmateilchen, insbesondere der H-Radikale (atomarer Wasserstoff) reichte offensichtlich aus, um eine chemische Aktivierung der low-κ-Oberflächen zu erreichen, so dass stets geschlossene Schichten abgeschieden wurden. Damit lag der Gedanke nahe, bereits durch eine Plasma*vorbehandlung* die Wachstumsbehinderung u. U. aufheben zu können und im Anschluss daran auch mittels thermischer ALD eine geschlossene TaNC-Schicht in den RIE-strukturierten Gräben bzw. Vias zu bilden. Das Ergebnis eines entsprechenden Experiments zeigt Abb. 5.25 (rechts). Die TEM-Aufnahme nach thermischer ALD von TaNC (Prozess „II") auf einem RIE-strukturierten low-κ-Dielektrikum, inkl. HF-Dip und Ar/H_2-Direktplasma-Vorbehandlung, veranschaulicht die Bildung einer homogenen Schicht auch in hinterschnittenen Bereichen sowie eine hervorragende Konformität derselben.

Die Barrierewirkung der ALD-TaNC-Schichten gegen Cu-Diffusion wird von den Schichteigenschaften maßgeblich bestimmt. Daher sollen die Auswirkungen der unterschiedlichen Prozessführung bzw. der Plasmavorbehandlungen auf die Barrierewirkung der ALD-TaNC-Schichten in Abschnitt 6.1.3 anhand elektrischer Messungen noch ausführlicher behandelt werden.

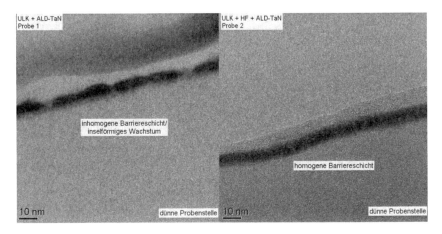

Abbildung 5.24: Links: TEM-Aufnahme einer thermischen ALD-TaNC-Schicht (Prozess „II") auf einem ULK-Dielektrikum. Bildung einer inhomogenen Schicht.
Rechts: TEM-Aufnahme einer thermischen ALD-TaNC-Schicht (Prozess „II") auf einem ULK-Dielektrikum *nach HF-Dip*. Bildung einer homogenen Schicht.

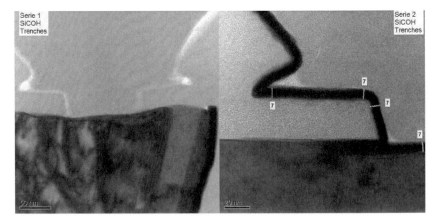

Abbildung 5.25: Links: TEM-Aufnahme nach thermischer ALD von TaNC (Prozess „II") auf einem RIE-strukturierten low-κ-Dielektrikum, inkl. HF-Dip. Es ist keine Schicht erkennbar.
Rechts: TEM-Aufnahme nach thermischer ALD von TaNC (Prozess „II") auf einem RIE-strukturierten low-κ-Dielektrikum, inkl. HF-Dip und Ar/H_2-Direktplasma-*Vorbehandlung*. Bildung einer homogenen Schicht auch in hinterschnittenen Bereichen, hervorragende Konformität.

6 Vergleich Ru-basierter Schichtsysteme

6.1 PVD-, PECVD- und PEALD-Ru(-C)-Schichten

Nachdem die prozessspezifischen Besonderheiten der PECVD- und PEALD-Abscheidung von Ru-C-Schichten bereits gesondert in Kapitel 5 diskutiert wurden, soll der folgende Abschnitt der vergleichenden Darstellung der physikalischen Eigenschaften von Ru-Filmen dienen, die mittels PVD, PECVD oder PEALD hergestellt wurden.

6.1.1 Physikalische Schichteigenschaften

6.1.1.1 Spezifischer Widerstand und „size effect"

Der spezifische elektrische Widerstand von PVD-, PECVD- und PEALD-Ru-Schichten ist in Abb. 6.1 als Funktion der Ru-Schichtdicke dargestellt. Der geometrische Einfluss auf den spezifischen Widerstand, der sog. „size effect" (siehe Abschnitt 2.1.7) zeigte sich deutlich bei allen untersuchten Ru-Schichten unterhalb einer Dicke von 10 nm. Dies ist konsistent mit der mittleren freien Weglänge von Elektronen in Ru, die 10,2 nm beträgt (39 nm in Cu). Die geringsten Ru-Schichtdicken, für die bereits eine Leitfähigkeit mit der Vierspitzenmethode gemessen werden konnte, sind PEALD-Proben zugeordnet, mithin erzeugte die PEALD im frühesten Stadium der Abscheidung einen geschlossenen Ru-Film.

Die thermische Auslagerung für 1 h in N_2/H_2-Atmosphäre bei 450 °C führte zu einer Absenkung des spezifischen Widerstandes aller Proben um mindestens 25 %, siehe Abb. 6.2. Auch andere Gruppen haben einen solchen Abfall des spezifischen Widerstandes beobachtet, er wird üblicherweise mit dem Kristallwachstum in der Schicht erklärt. Ein spezifischer Widerstand von 20 $\mu\Omega$cm konnte für Schichtdicken < 10 nm reproduzierbar erreicht werden, d. h. sowohl die PECVD- als auch die PEALD-Ru-C-Schichten wiesen einen zu PVD-Ru-Schichten vergleichbaren spezifischen Widerstand auf, der in etwa dem Zweifachen des spezifischen Widerstands von kompaktem Ru entspricht. Dementsprechend kann davon ausgegangen werden, dass C-Verunreinigungen im niedrigen einstelligen Prozentbereich keine signifikante Erhöhung des spezifischen Widerstandes im Vergleich zu den im Ultrahochvakuum abgeschiedenen PVD-Ru-Schichten verursachen. Chen et al. [15] berichteten, dass PVD-Ru-C-Schichten mit einem C-Gehalt von bis zu 19 at.-% einen im Vergleich zu PVD-Ru lediglich um ca. 10 % höheren spezifischen Widerstand besitzen. Geringe C-Konzentrationen im einstelligen Prozentbereich könnten demnach ohne große Auswirkung auf den spez. Widerstand in Ru eingelagert sein. Dies wirft die Frage nach der Ursache auf, dass kohlenstoffverunreinigte Ru-Schichten einen gleichwertigen, sogar geringeren spezifischen Widerstand als eine hochreine Ru-Schicht aufweisen. Im Rahmen der in dieser Arbeit verfügbaren sehr sensitiven analytischen Möglichkeiten konnte diese Frage nicht vollends geklärt werden.

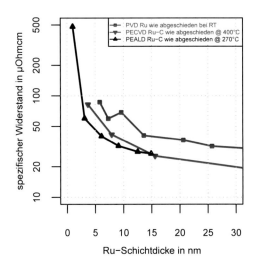

Abbildung 6.1: Spezifischer elektrischer Widerstand von PVD-, PECVD- und PEALD-Ru(-C)-
          Schichten als Funktion der Ru-Schichtdicke („size-effect"); ohne Temperung, Messung
          ca. 1-2 h nach der Abscheidung. Substrat: Si-Wafer mit natürlichem Oxid.

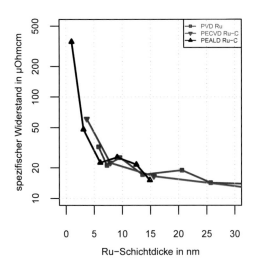

Abbildung 6.2: Spezifischer elektrischer Widerstand von PVD-, PECVD- und PEALD-Ru(-C)-
          Schichten, 1 h in N_2/H_2-Atmosphäre bei 450 °C *getempert*, als Funktion der Ru-
          Schichtdicke („size-effect"); Messung 1 h nach Temperung. Si-Wafer mit natürlichem
          Oxid.

6.1.1.2 Kohlenstoff-Verunreinigungen

Abb. 6.3 zeigt das während einer Tiefenprofilmessung mit ToF-SIMS gemessene Kohlenstoffsignal in Ru-Schichten (etwa in der Mitte der Schicht), für unterschiedliche Abscheideverfahren. Ein Vergleich der Werte macht deutlich, dass der Kohlenstoffgehalt in PECVD- und PEALD-Ru-Schichten um etwa zwei Größenordnungen höher lag als in PVD-Ru-Schichten. Die Werte repräsentieren nicht die Gesamtmenge an C in der Schicht, sondern eine pro Zeitintervall detektierte Menge an C-Ionen, die durch primären Beschuss der Ru-Schicht ausgelöst wurden. Bei Abscheidetemperaturen um 270 °C wiesen PEALD-Schichten geringfügig geringere C-Verunreinigungen auf als PECVD-Schichten. Die zyklenweise Umsetzung des Ru-Präkursors bei der plasmagestützten Atomlagenabscheidung führt vermutlich zu einer vollständigeren Reduktion des Präkursors, da den ablaufenden Reaktionen mit jedem Plasmaschritt mehr Zeit gegeben wird als bei der kontinuierlichen Präkursorzuführung und -reduktion der plasmagestützten CVD. Es konnte gezeigt werden, dass mit einer Erhöhung der Substrattemperatur auf 400-450 °C oder der Plasmaleistung auf 500-600 W eine ähnlich umfassende Reduktion des Präkursors erreicht werden konnte wie bei der PEALD, mithin auch ähnlich geringe C-Anteile in der Ru-Schicht, siehe Abb. 5.11. Weitere Verunreinigungen, insbesondere durch leichte Elemente wie H, N und O konnten mit ERDA in PECVD-Schichten nachgewiesen werden, siehe Abschnitt 5.1.3. Auch in PEALD-Schichten ist ein gewisser Anteil an H, N und O wahrscheinlich, da das gleiche Plasma und der identische Präkursor verwendet wurden. Dies wurde jedoch nicht untersucht.

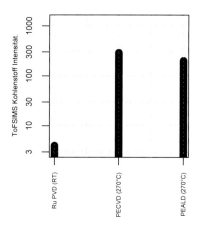

Abbildung 6.3: Bestimmung der Reinheit der erzeugten Ru-Schichten anhand des ToF-SIMS-Signals für Kohlenstoff; PVD, PECVD und PEALD im Vergleich.

6.1.1.3 Schichtmorphologie

Abb. 6.4 vergleicht die Röntgenbeugungsspektren (XRD-Graphen) von PECVD-, PEALD- und PVD-Ru-Schichten. Bei allen Schichten wurden die für hexagonal dichtest gepacktes Ru typischen drei Beugungsreflexe (001), (101) und (002) gemessen. Ein grundsätzlicher Unterschied zwischen PVD-Ru und PEALD- bzw. PECVD-Ru-C bestand lediglich in der Ausprägung des (001)- bzw. (002)-Reflexes. Ersterer dominiert bei PECVD- und PEALD-Ru-C-Schichten, letzterer in PVD-Ru. Park et al. [90] beobachteten eine ähnliche Peakverteilung und -hierarchie in ihren PEALD-Ru-Schichten. Xie et al. [141] berichteten von einem ausgeprägten (002)-Reflex speziell für auf TaN-Substraten abgeschiedene Ru-Schichten. Eine starke (002)-Orientierung wird oft als vorteilhaft angesehen für das bevorzugte Auftreten einer (111)-Textur in galvanisch abgeschiedenem Cu, ebenso für die Anwendung der Ru-Schicht als Bodenelektrode in DRAMs, da dielektrische Schichten (zur Erzeugung eines Kondensators) auf (002)-Ru mit höherer Dielektrizitätskonstante gebildet werden können.

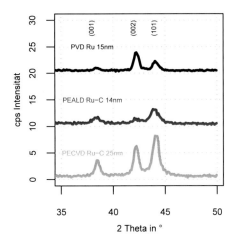

Abbildung 6.4: Röntgenbeugungsspektren von PVD-, PEALD- und PECVD-Ru(-C)-Schichten (PECVD-/ PEALD-Prozesse bei 270 °C, 400 W). Alle Proben wurden vor der XRD-Messung 1 h in N_2/H_2-Atmosphäre bei 350 °C getempert. Es wurden nur geringfügige Unterschiede in Bezug auf die Schichtmorphologie beobachtet, alle Schichten wiesen die für Ru typischen Peaklagen der hexagonalen Packung auf.

6.1.1.4 Konformität

In damaszenartigen Strukturen erwies sich die PEALD als eindeutig im Vorteil gegenüber PECVD und PVD zur Abscheidung von Ru-basierten Schichten (siehe Abb. 6.5, Abb. 6.6 und Abb. 1.3).

Abb. 6.5 zeigt die TEM-Aufnahme einer in einem Si-Nanograben (Aspektverhältnis 1:4) mit PECVD abgeschiedenen Ru-C-Schicht, anhand derer der direktionale Teilchenbeschuss aus dem Plasma heraus bzw. die geringe Lebensdauer von H-Radikalen in Strukturen sehr gut „abgebildet" sind. Die Ru-Schichtdicke war an der Oberfläche des Wafers um ein Vielfaches größer als an den Seitenwänden bzw. als am Boden des Grabens.

Demgegenüber zeigt sich der Vorteil des getrennten, zyklischen Einleitens von Ru-Präkursor und redu-zierenden Reaktanten (bzw. dem Zünden des Plasmas) bei der PEALD, das in einem selbstbegrenzenden Wachstum resultiert, sehr deutlich im Vergleich mit Abb. 6.6. Die defokussierte TEM-Aufnahme bildet eine hochkonforme PEALD-Ru-C-Schicht auf einer zuvor abgeschiedenen PEALD-TaNC-Schicht ab, in einem vergleichbaren Si-Nanograben wie in Abb. 6.5. Die bestmögliche erzielbare Konformität mit PEALD-Verfahren hängt letztlich immer vom konstruktiven Entwurf der Kammer ab. Z. B. konnte für PEALD-TaNC-Schichten, welche in derselben Kammer abgeschieden wurden wie die Ru-Schichten, ei-ne Konformität von ca. 80 % beobachtet werden [38]. Demgegenüber konnten andere Gruppen zeigen, dass eine nahezu 100 %-ige Konformität mit PEALD für TaNC-Schichten erreichbar ist [138].

Die im Vergleich der Abscheideverfahren klare Benachteiligung der Sputtertechnik wurde eingangs an-hand von Abb. 1.3 besprochen. Ein zu großes Missverhältnis von PVD-Abscheidung an der Oberfläche zu PVD-Abscheidung im Graben wäre problematisch, da der Großteil an Ru dann mittels chemisch-mechanischem Planarisieren (CMP) wieder abgetragen werden müsste und dadurch nicht nur verloren ginge, sondern dies auch die entsprechenden Prozesskosten und -zeiten merklich erhöhen würde.

6.1.1.5 Cu-Galvanik auf Ru(-C)

Auf Substraten mit TaN/Ru oder Ti/Ru fielen die Cu-Galvaniktests zufriedenstellend aus im Sinne einer guten Haftung und optischen Erscheinung (glänzend) des beschichteten Cu. Diese Beobachtung wur-de durch Versuche an strukturierten Proben bestätigt. Auf Si/Ru, SiO_2/Ru, auf TiN/Ru und ZrO_2/Ru Substraten war die Qualität der galvanischen Cu-Abscheidung dagegen häufig mangelhaft (die Ru-Keimschicht wurde mittels PECVD oder PEALD abgeschieden). Die Übertragung von auf planaren Cou-pons erfolgreichen Barriere-/ Keimschichtsystemen bzw. den entsprechenden Galvanikprozessen (siehe Abschnitt 2.3.4 bzw. 4.3) auf strukturierte Proben, d. h. auf Damaszenstrukturen konnte dennoch zufrie-denstellend vollzogen werden, wie aus den Abb. 6.5, Abb. 6.6 und Abb. 6.62 hervorgeht. Eine detaillierte Analyse mit defokussierter TEM bzw. TEM im Materialkontrast offenbarte jedoch in einigen Struktu-ren die Existenz kleiner Löcher (voids), vor allem dann, wenn Ru direkt auf SiO_2 abgeschieden wurde - die zuvor auf planaren Wafern gewonnenen Ergebnisse bestätigten sich somit. Bei Verwendung ei-ner PEALD-Ru-C-Schicht auf einer unterliegenden PEALD-TaNC-Barriereschicht traten lediglich sehr kleine Löcher zutage, deren Ursache nicht abschließend geklärt werden konnte. Es ist durchaus möglich, dass diese von der Cu-Prozessierung (etwa von Blasen im galvanischen Bad o. ä.) herrührten und nicht charakteristisch für das direkte Cu-Plating auf Ru sind, zumal die Voids nicht an der Grenzfläche Ru/Cu auftraten, sondern inmitten der Cu-Leitbahn, siehe Abb. 6.6.

In Abb. 6.62 wird deutlich, dass Damaszenstrukturen auch dann erfolgreich mit Cu gefüllt wurden, auch wenn nur eine minimale Ru-Schichtdicke (insbesondere an den unteren Seitenwänden der Gräben) vor-handen war. Mithin kann man davon ausgehen, dass eine nur wenige Nanometer dünne Ru-basierte Keimschicht potentiell ausreichend ist, um kleinste Strukturen unter Verzicht auf die Cu-Keimschicht bzw. nur mit einer ultradünnen Cu-Keimschicht (< 5 nm) zu füllen, wie es auch neueste Veröffentlichun-gen andeuten: Der völlige Verzicht auf eine Cu-Keimschicht, d. h. das direkte galvanische Beschichten der Ru-Barriere-/Haftvermittlerschicht und schafft erlaubt das Füllen kleinster Strukturen (< 30 nm) mit-tels Cu-ECD [143], dargestellt in Abb. 6.7.

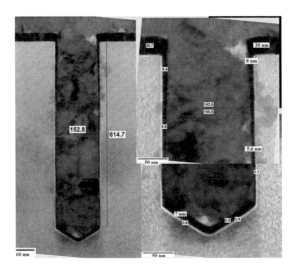

Abbildung 6.5: TEM-Aufnahme einer PECVD-Ru-Schicht in einem Graben mit damaszentypischen Abmessungen, Aspektverhältnis 1:4, nach direkter Cu-ECD. Links: Übersichtsbild, rechts: Detailaufnahmen am Grabeneingang und am Grabenboden.

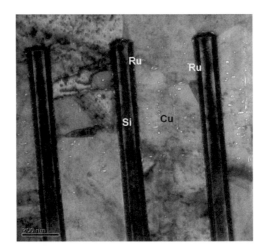

Abbildung 6.6: Defokussierte TEM-Aufnahme einer hochkonformen PEALD-Ru-C/TaNC Doppelschicht in einem Graben mit damaszentypischen Abmessungen, Aspektverhältnis 1:4, nach direkter Cu-ECD (Skala: 200 nm). Die Detailaufnahme des oberen Bereiches zeigt Abb. 5.5. Kleine Voids wurden nach der Cu-Galvanik in der Cu-Leitbahn beobachtet, allerdings rühren diese vermutlich von der Cu-Prozessierung her und sind nicht zwingend charakteristisch für die direkte Cu-ECD auf Ru.

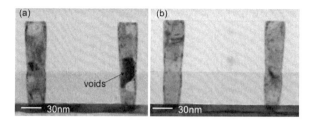

Abbildung 6.7: REM-Aufnahmen (Querschnitt) von sub-40 nm-Strukturen nach Cu-ECD und CMP, mit
verschiedenen Barriere-/Haftvermittlerschichten.
a) 6 nm TaN/3 nm CVD Ru/20 nm Cu (konventionelle Cu-ECD inkl. seed enhancement)
b) 6 nm TaN/3nm CVD Ru (direkte Cu-ECD) [142]. Der Verzicht auf eine Cu-
Keimschicht und das Verwenden von Ru als kombinierter Haftvermittler- und Keimschicht ermöglicht das voidfreie Füllen von sub-40 nm-Strukturen.

Betrachtet man die Gesamtheit der Cu-Galvanikexperimente, kann geschlussfolgert werden, dass eine
elektrochemische Vorbehandlung (Dekapieren) in verdünnter Schwefelsäure bei gleichzeitigem Anliegen definierter Potentiale von Vorteil war, um reproduzierbar voidfrei gefüllte Cu-Leitbahnen mittels
Cu-ECD auf Ru-Keimschichten zu erzeugen. Ob dabei eine u. U. vorhandene Ru-Oxidschicht von der
Oberfläche entfernt wurde, lässt sich bislang nicht mit Bestimmtheit sagen. Guo et al. berichteten von
einer ca. 1 nm dünnen RuO_2-Schicht an der Oberfläche eines PVD-Ru-Films [35]. Laut Moffat et al.
[80] kann oxidiertes Ru elektrochemisch, d. h. in einer sauerstofffreien schwefelsauren Lösung entfernt
werden. Ein zügiger nass-in-nass Transfer in das galvanische Bad wurde dabei als besonders wichtig
hervorgehoben. In dieser Arbeit ist die Bildung eines oberflächlichen Ru-Oxids mit XPS untersucht worden, laut der zwar eine Einlagerung von Sauerstoff im Bereich der Oberfläche erfolgte, nicht jedoch eine
Verschiebung der Ru-Bindungsenergie(n) (d. h. der Ru-Peaks), die auf eine stöchiometrische oxidische
Ru-Verbindung schließen lassen würde (nicht dargestellt).

6.1.2 Barrierewirkung elementarer Ru(-C)-Schichten gegen Cu-Diffusion

Zunächst soll die Barrierewirkung elementarer Ru(-C)-Schichten gegen Cu-Diffusion infolge Tempera-
turstress betrachtet werden. Nach Auslagerung der MIS-Strukturen (siehe Abb. 4.1) in N_2/H_2-Atmosphäre
bei 350 °C konnte keine Verschiebung der CV-Kennlinien, d. h. der Flachbandspannungen festgestellt
werden, selbst bei Proben ohne jegliche Cu-Diffusionsbarriere (nicht dargestellt). Nach 600 °C Temperung ergaben sich leichte Verschiebungen der Flachbandspannungen, allerdings nur für Testproben
mit Ru-basierten Barriereschichten, insbesondere für diejenigen mit PVD-Ru-Barriereschicht. Da TVS-
Messungen an denselben Proben z. T. enorme Mengen an Alkali-Ionen detektierten (siehe Abb. 6.10),
ist diese Verschiebung der Flachbandspannung vermutlich auf Na^+ oder K^+-Ionen im Dielektrikum
zurückzuführen, nicht jedoch auf ionisiertes Cu.
Um auch das Vorhandensein von u. U. atomar diffundiertem Cu ermessen zu können, wurden E-ramp-
(TZDB-)Messungen mit *negativer* Spannungsrampe am Cu-Kontaktfeld der MIS-Struktur durchgeführt.
Jegliche Degradation der Durchbruchsfeldstärke des thermischen SiO_2 hätte dann, durch den Messauf-

bau bedingt, von diffundierten Cu-Atomen (oder alkali-ionischen Verunreinigungen, die getrennt mit TVS quantitativ erfasst werden konnten) verursacht werden müssen. Eine geringfügige Degradation von Teststrukturen ohne Barriere konnte nach Auslagerung der MIS-Strukturen in N_2/H_2-Atmosphäre bei $350\,°C$ beobachtet werden (nicht dargestellt). Eine Erhöhung der Auslagerungstemperatur auf $600\,°C$ bewirkte eine deutliche Degradation der Proben ohne Barriere, jedoch nur eine geringfügige Degradation von Proben mit Ru-basierten Barriereschichten (nicht dargestellt). Dies kann so interpretiert werden, dass bei Fehlen jeglicher Cu-Diffusionsbarriere bereits eine rein thermisch aktivierte Cu-Diffusion in SiO_2 auftrat, dass diese aber durch Einfügen einer Ru-Schicht merklich unterdrückt werden konnte. Ein solches Verhalten bestätigt in gewisser Weise diejenigen analytischen Untersuchungen aus der in Abschnitt 3.1 zitierten Literatur, die keine Cu-Felddrift berücksichtigten.

Repräsentativ für eine reale Belastung der Cu-Metallisierung ist jedoch eine positive Spannung(srampe) am Cu-Pad der MIS-Struktur, weil bei Anliegen einer Spannung zwischen zwei benachbarten Leitbahnen im regulären Betrieb des ICs naturgemäß eine der beiden Cu-Leitbahnen auf positivem Potential liegt, siehe Abb. 2.2. Die im folgenden bzw. in Abschnitt 2.1.3 beschriebenen Ergebnisse belegen, dass in erster Linie das Zusammenwirken von Temperatur- und elektrischem Stress (BTS) eine Cu-Ionendrift bewirkt. Abb. 6.8 zeigt die kumulativen TZDB-Verteilungen (Durchbruchsfeldstärken) von MIS-Strukturen mit 140 nm thermischem Oxid und PVD-, PEALD- und PECVD-Ru(-C)-Schichten als Cu-Diffusionsbarriere. Alle Proben wurden vor der elektrischen Messung 1 h in N_2/H_2-Atmosphäre bei $350\,°C$ getempert. Die TZDB-Messung erfolgte mit *positiver* Spannungsrampe am Cu-Dot, d. h. mit Cu-Injektion, bei $250\,°C$ Probentemperatur. Im Falle der positiven Bias wurde nunmehr eine drastische Reduzierung der Durchbruchsfeldstärke für Proben ohne Barriere (-/Cu) und mit PVD-Ru-Barriere gemessen. Daraus kann man schließen, dass Cu-Ionen zügig entlang von Korngrenzen und Defekten durch PVD-Ru drifteten und in das Dielektrikum injiziert wurden. Demgegenüber wiesen Teststrukturen mit PEALD- und PECVD-Ru(-C)-Schichten als Cu-Diffusionsbarriere zu TaN-Barriereschichten vergleichbare Durchbruchsfeldstärken auf, was als ein erstes Indiz für eine Verstopfung von Korngrenzen im Ru durch Kohlenstoff-Verunreinigungen (siehe Abschnitt 6.3) gewertet wurde.
Die in Abb. 6.9 dargestellten TDDB-Messungen an den gleichen Teststrukturen bestärkten diese These, da die Lebensdauer für Proben mit PEALD- und PECVD-Ru(-C)-Schichten nahezu das Einhundertfache im Vergleich zu MIS-Strukturen mit PVD-Ru betrug. Es deutete sich jedoch ebenso an, dass die Barrierewirkung nicht an den industriellen Standard TaN heranreicht, da die Teststrukturen mit Ru-basierten Barriereschichten letztlich allesamt früher ausfielen als Strukturen mit TaN-Barrieren. Kombinierte BTS- und TVS-Messungen sollen die erhöhte Barrierewirkung von PEALD- und PECVD-Ru(-C)-Schichten quantitativ untermauern.
Abb. 6.10 zeigt den gemessenen Verschiebungs- bzw. Ionenstrom (TVS-Kurven) von MIS-Strukturen mit 140 nm thermischem Oxid und PVD-, PEALD- und PECVD-Ru(-C)-Schichten als Cu-Diffusionsbarriere, gemessen bei $300\,°C$, nach bis zu 15 min BTS ($300\,°C$, + 2 MV/cm). Für eine einheitliche und übersichtliche Darstellung in der Arbeit werden im Folgenden alle TVS-Plots „wie gemessen" dargestellt, d. h. nicht die Differenz aus I. und II. TVS-Messung (nur zur Quantifizierung). Alle Proben wurden vor der elektrischen Messung 1 h in N_2/H_2-Atmosphäre bei $350\,°C$ getempert. Eine massive Cu-Diffusion erfolgte bereits nach wenigen Minuten BTS bei Verwendung der PVD-Ru-Barriere, bzw. in kürzester Zeit, falls keine Barriere vorhanden war. Der Leckstrom der Teststruktur stieg jeweils bereits während

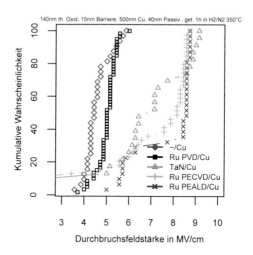

Abbildung 6.8: Kumulative TZDB-Verteilungen (Durchbruchsfeldstärken) von MIS-Strukturen mit 140 nm thermischem Oxid und PVD-, PEALD- und PECVD-Ru(-C)-Schichten als Cu-Diffusionsbarriere. Alle Proben wurden vor der elektrischen Messung 1 h in N_2/H_2-Atmosphäre bei 350 °C getempert. Die TZDB-Messung erfolgte mit *positiver* Spannungsrampe am Cu-Dot, d. h. *mit* Cu-Injektion, bei 250 °C Probentemperatur.

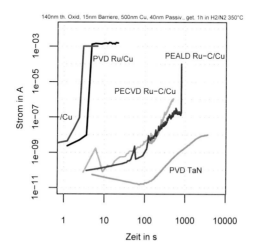

Abbildung 6.9: TDDB-Kurven von MIS-Strukturen mit 140 nm thermischem Oxid und PVD-, PEALD- und PECVD-Ru(-C)-Schichten als Cu-Diffusionsbarriere, gemessen bei 250 °C, +5 MV/cm. Alle Proben wurden vor der elektrischen Messung 1 h in N_2/H_2-Atmosphäre bei 350 °C getempert. Die Anreicherung der PECVD- und PEALD-Ru-Schichten mit C führte zu einer höheren Lebensdauer der Teststruktur als bei PVD-Ru-Schichten.

des BTS an, aufgrund von im Isolator befindlichen Cu-Ionen, die als Traps für Elektronen dienten. Abb. 6.20 bestätigt den erhöhten Leckstrom infolge Cu-Felddrift anhand einer ähnlichen Messung im Zusammenhang mit RuTa-Barriereschichten.

Bei Teststrukturen mit PEALD- und PECVD-Ru(-C)-Schichten als zu testender Cu-Diffusionsbarriere verlief der Anstieg der TVS-Kurven im Bereich des Cu-Peaks vergleichsweise moderat nach 15 min BTS, was auf eine erhöhte Barrierewirkung dieser Schichten schließen ließ. Eine Verlängerung der Stressdauer auf 30 min, bei sonst identischen Stressbedingungen, relativierte diese erhöhte Barrierewirkung allerdings im Vergleich zu TaN-Schichten. Abb. 6.11 zeigt die TVS-Kurven nach 30 min BTS (300 °C, + 2 MV/cm). Große Cu-Peaks waren nunmehr Ausdruck einer immensen Cu-Diffusion bzw. Cu-Felddrift bei Verwendung der PECVD- und PEALD-Ru-C-Barriere. Im Vergleich dazu hatte der gemessene Strom an Strukturen mit TaN-Barriere keine ionischen Anteile, sondern bestand lediglich aus dem Verschiebungsstrom, der von der Kapazität der Anordnung (ca. 300 pF) herrührte.

Abb. 6.12 bietet abschließend einen zahlenmäßigen Vergleich aller untersuchten Barrieren in Bezug auf die Anzahl der in ein thermisches Oxid gedrifteten Cu-Ionen, in Abhängigkeit von der BTS-Dauer (BTS-Temperatur 300 °C, Feldstärke + 2MV/cm, gemessen mit TVS direkt im Anschluss an BTS). Darin sind klare Vorteile der PEALD- und PECVD-Ru(-C)-Schichten als Cu-Diffusionsbarriere gegenüber PVD-Ru erkennbar, allerdings erzielte keiner der elementaren Ru(-C)-Schichten eine zu TaN-Schichten vergleichbare Barrierewirkung.

Auch die thermische Stabilität der erhöhten Barrierewirkung von PEALD- und PECVD-Ru(-C)-Schichten, d. h. der verstopfenden Wirkung von C-Verunreinigungen in Korngrenzen des Ru, ist untersucht worden. Abb. 6.13 zeigt die kumulativen TZDB-Verteilungen (Durchbruchsfeldstärken) analog Abb. 6.8 mit PVD-, PEALD- und PECVD-Ru(-C)-Schichten als Cu-Diffusionsbarriere, nach 1 h Temperung in N_2/H_2-Atmosphäre bei 600 °C. Die im Vergleich mit PVD-Ru-Schichten zuvor beobachtete erhöhte Barrierewirkung der PEALD- und PECVD-Ru(-C)-Schichten war im Gegensatz zu TaN-Schichten nicht temperaturstabil bis 600 °C. Aus Abb. 6.12 geht allerdings auch hervor, dass industriell eingesetztes TaN mit weniger als 10 at.-% N eine geringere Barrierewirkung besitzt als stöchiometrisches $Ta_{50}N_{50}$. Bei der Bewertung weiterer Barrieresysteme kann daher das Erreichen der Barrierewirkung analog zu TaN (< 10 at.-% N) als hinreichendes Kriterium für eine Einstufung als exzellente Cu-Diffusionsbarriere gelten.

6.1.3 Barrierewirkung eines ALD-TaNC/Ru-Doppelschichtsystems

Die im vorigen Abschnitt dargestellten Ergebnisse bezeugten eine verglichen mit PVD-TaN deutlich geringere, vermutlich unzureichende Barrierewirkung elementarer Ru-Schichten gegen Cu-Diffusion. Da der Einsatz elementarer Ru-Schichten jedoch vielversprechend erscheint hinsichtlich der Cu-Galvanik bzw. der Cu-Benetzung, mit hoher Wahrscheinlichkeit also aber eine zusätzliche Cu-Diffusionsbarriere erforderlich ist, soll in diesem Abschnitt diskutiert werden, welche Möglichkeiten der Kombination mit PVD- oder ALD-TaN(C)-Schichten potentiell bestehen, um eine ausreichende Barrierewirkung des Gesamtsystems gegen Cu-Diffusion zu gewährleisten. In einem an die konventionelle Schichtfolge TaN/Ta angelehnten Schichtsystem, bestehend aus TaN/Ru, wird im wesentlichen die TaN-basierte Dünnschicht zu einer effektiven Barrierewirkung des Schichtsystems beitragen. Deshalb wurde darauf verzichtet, für den Test unterschiedlicher TaN(C)-Schichten auch eine Auffächerung der möglichen Ru-Haftvermittler-

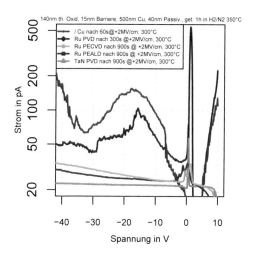

Abbildung 6.10: TVS-Kurven von MIS-Strukturen mit 140 nm thermischem Oxid und PVD-, PEALD-
und PECVD-Ru(-C)-Schichten als Cu-Diffusionsbarriere, gemessen bei 300 °C, nach
bis zu 15 min BTS (300 °C, + 2 MV/cm). Alle Proben wurden vor der elektrischen
Messung 1 h in N_2/H_2-Atmosphäre bei 350 °C getempert. Massive Cu-Diffusion bereits bei Verwendung der PVD-Ru-Barriere.

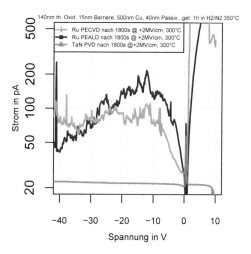

Abbildung 6.11: TVS-Kurven von MIS-Strukturen mit 140 nm thermischem Oxid und PVD-, PEALD-
und PECVD-Ru(-C)-Schichten als Cu-Diffusionsbarriere, gemessen bei 300 °C, nach
30 min BTS (300 °C, + 2 MV/cm). Alle Proben wurden vor der elektrischen Messung
1 h in N_2/H_2-Atmosphäre bei 350 °C getempert. Deutliche Cu-Diffusion bei Verwendung der PECVD- und PEALD-Ru-C-Barriere im Vergleich zu Strukturen mit TaN-
Barriere.

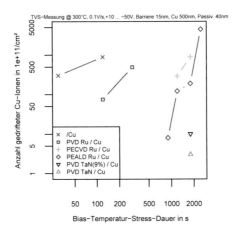

Abbildung 6.12: Vergleich der Anzahl der in ein thermisches Oxid gedrifteten Cu-Ionen für verschiedene Barrieresysteme, in Abhängigkeit von der BTS-Dauer (BTS-Temperatur 300 °C, Feldstärke + 2MV/cm, gemessen mit TVS direkt im Anschluss an BTS). Deutliche Vorteile der PEALD- und PECVD-Ru(-C)-Schichten als Cu-Diffusionsbarriere gegenüber PVD-Ru, allerdings keine zu TaN-Schichten vergleichbare Barrierewirkung.

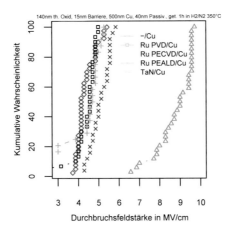

Abbildung 6.13: Kumulative TZDB-Verteilungen (Durchbruchsfeldstärken) analog zur Abb. 6.8 mit PVD-, PEALD- und PECVD-Ru(-C)-Schichten als Cu-Diffusionsbarriere, nach 1 h Temperung in N_2/H_2-Atmosphäre bei 600 °C. Die im Vergleich mit PVD-Ru-Schichten zuvor beobachtete erhöhte Barrierewirkung der PEALD- und PECVD-Ru(-C)-Schichten war im Gegensatz zu TaN nicht temperaturstabil bis 600 °C.

schichten zu betrachten (dies gilt nur für die Barrierewirkung, die Cu-Benetzung z. B. wird für unterschiedliche Kombinationen von TaN(C)/Ru(-C) evaluiert). Vielmehr stehen die in Abschnitt 5.3 beschriebenen, verschiedenen PVD- und ALD-TaN(C)-Dünnschichten als singuläre Barriereschicht im direkten Vergleich zueinander.

Abb. 6.14 zeigt TVS-Kurven von MIS-Strukturen mit 100 nm thermischem Oxid und PVD-, PEALD- bzw. thALD-TaN(C)-Schichten als Cu-Diffusionsbarriere, gemessen bei 250 °C, nach bis zu 30 min BTS (250 °C, + 2 MV/cm). Alle Proben wurden vor der elektrischen Messung 1 h in N_2/H_2-Atmosphäre bei 600 °C getempert (maximale Beanspruchung in dieser Arbeit). Eine Barrierewirkung und thermische Stabilität ähnlich PVD-TaN konnte für PEALD- und PVD-TaN(C)-Schichten beobachtet werden, zudem eine enorme Verbesserung auch der Barrierewirkung von thermischen ALD-TaNC-Schichten nach einer in-situ-remote-Plasmavorbehandlung des Dielektrikums im Vorfeld der ALD-Abscheidung.

Im Ergebnis kann die Aussage getroffen werden, dass ALD-TaNC-Schichten als ultradünne Cu-Diffusionsbarrieren für Cu/low-κ-Verdrahtungen gelten und in Kombination mit diversen Ru-Schichten eingesetzt werden können. Der „konservative" Ansatz TaN/Ru/Cu wird bislang auch von Seiten der Industrie als am aussichtsreichsten eingestuft, da er keine fundamentale Veränderung im Damaszenprozess darstellt, sondern als eine die Lebensdauer und Ausbeute von ICs steigernde Erweiterung der bislang zuverlässigen Schichtfolge „TaN-Barriereschicht / Haftvermittler / Cu-Keimschicht" angesehen wird.

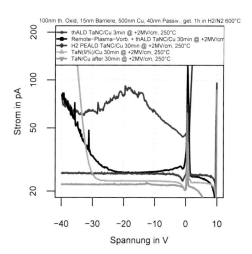

Abbildung 6.14: TVS-Kurven von MIS-Strukturen mit 100 nm thermischem Oxid und PVD-, PEALD- bzw. thALD-TaN(C)-Schichten als Cu-Diffusionsbarriere, gemessen bei 250 °C, nach bis zu 30 min BTS (250 °C, + 2 MV/cm). Alle Proben wurden vor der elektrischen Messung 1 h in N_2/H_2-Atmosphäre bei 600 °C getempert. Exzellente Barrierewirkung und thermische Stabilität von PEALD- und PVD-TaN(C)-Schichten. Enorme Verbesserung der Barrierewirkung auch von thermischen ALD-TaNC-Schichten nach Plasma-Vorbehandlung des Dielektrikums.

6.1.4 Benetzungsverhalten von Cu

Ta- versus Ru-Haftvermittlerschicht

Die Cu-Benetzung einer Ru-Haftvermittlerschicht erwies sich in mehreren Fällen als leicht verbessert gegenüber einer Ta-Haftvermittlerschicht. Exemplarisch sollen dazu Abb. 4.6a) und Abb. 4.7b) miteinander verglichen werden. Abb. 4.6a) zeigt die AFM-Aufnahme einer Probe mit 5 nm ALD-TaNC / 7 nm PVD-Ta / 20 nm Cu (gesputtert), nach 600 °C Temperung im UHV für 30 min. Die Klassifizierung der Cu-Benetzung lautete (1 1 0). Abb. 4.7b) stellt die AFM-Aufnahme einer Probe mit 5 nm ALD-TaNC / 10 nm PEALD-Ru-C / 20 nm Cu (gesputtert) dar, ebenso nach 600 °C Temperung im UHV für 30 min, bewertet mit einer (1 1 1)-Klassifizierung der Cu-Benetzung. Das heißt, die Unterschiede zwischen Ru und Ta traten stets nur anhand des XPS-Signals der Haftvermittlerschicht im oberflächennahen Bereich hervor, in beiden Fällen kam es aber nicht zu einer kompletten Entnetzung des Cu-Films. Frühere Ergebnisse von Hoon et al. wurden damit bestätigt [50].

PVD-Ru versus PEALD-Ru-C

Das Cu-Benetzungsverhalten von Proben mit PVD-Ru bzw. PEALD-Ru-C als Haftvermittlerschicht - bei sonst identischem Aufbau - unterschied sich praktisch nicht. Abb. 4.5b) und 4.7a) stehen hier exemplarisch für einen Vergleich von PVD-Ru vs. PEALD-Ru-C. Beide zeigen die AFM-Bilder von Testcoupons, bei denen im Ausgangszustand eine Ru-Haftvermittlerschicht zwischen einer darunterliegenden ALD-TaNC-Barrierenschicht und einem darüber liegenden Cu-Film (bedampft) vorlag. Sowohl nach AFM- wie auch XPS-Untersuchung waren beide Proben deutlich entnetzt. Das XPS-Signal des sich ursprünglich unter dem Cu befindlichen Ru betrug nach thermischer Belastung in beiden Fällen ca. 17 at.-%. Beide Proben wurden folglich mit (1 0 0) bezüglich der Cu-Benetzung (bedampft) klassifiziert. Aus Abb. 6.16a) + b) geht allerdings hervor, dass für den Fall einer gesputterten Cu-Schicht sowohl PVD-Ru als auch PEALD-Ru-C mit (1 1 1) klassifiziert werden konnten, d. h. sowohl PVD-Ru als auch PEALD-Ru-C eine gute Cu-Benetzung aufweisen. Dies bestätigte sich auch bei Haftungstests nach der Cu-Galvanik.

Ru versus CuAl auf ALD TaNC

Die in Abb. 4.5a) illustrierte, ungenügende Cu-Benetzung einer ALD TaNC-Schicht verbesserte sich sowohl durch Einfügen einer Ru-Haftvermittlerschicht (vgl. Abb. 4.7b)), als auch durch eine Cu-Al-Legierung als Keimschicht. CuAl-Keimschichten sind in der Literatur u. a. von Vanypre et al. [119] vorgeschlagen worden, um das EM-Verhalten von Cu-Leitbahnen insbesondere mit TaN-basierter Barriereschicht zu verbessern. In beiden Fällen wurde die Cu-Benetzung mit (1 1 1) klassifiziert, die Erhöhung der Oberflächenrauigkeit fiel jedoch etwas geringer aus für den CuAl-Film, von 0,6 nm auf 1,3 nm, gegenüber 0,4 nm auf 1,7 nm für den Ru-Haftvermittler. Kombinierte man den Ru-Haftvermittler mit der CuAl-Keimschicht, so führte dies zur besten Cu-Benetzung, siehe Abb. 6.15. Die Rauigkeit der Oberfläche erhöhte sich dann nur geringfügig von 0,4 nm auf 0,8 nm. Die bestmögliche Haftung würde demnach mit dem Ansatz einer legierten Cu-Keimschicht in Kombination mit Ruthenium erreicht, allerdings um den Preis eines erhöhten Cu-Schichtwiderstandes.

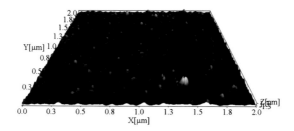

Abbildung 6.15: AFM-Aufnahme einer Probe mit 5 nm ALD-TaNC / 10 nm PEALD-Ru-C / 20 nm CuAl
1 at.-% (gesputtert) nach 600 °C Temperung im UHV für 30 min, (1 1 1)-Klassifizierung
der Cu-Benetzung (R_S 4,3 Ω/$\square$, AFM-Rauigkeit 0,8 nm, XPS-Signal für Ru 0,1 at.-%).

Tabelle 6.1: Ergebnisse des O_2-Barrieretests von PVD-, PECVD- und PEALD-Ru-Schichten. Schichtwiderstände von Proben mit der Schichtfolge SiO_2 / Ti / Cu / (Ru-)Barriere, nach thermischer Auslagerung an Luft bei diversen Temperaturen. PVD-Ru-Schichten wiesen eine zu
TaN-Schichten mindestens ähnliche Barrierewirkung gegen Sauerstoffdiffusion auf. Nachteile zeigten sich für PECVD- und PEALD-Ru-C-Schichten.

Barriereschicht (10 nm)	R_S wie abgeschieden [Ω/$\square$]	R_S nach 250 °C [Ω/$\square$]	R_S nach 300 °C [Ω/$\square$]	R_S nach 350 °C [Ω/$\square$]
PVD TaN	0,18	0,17	0,16	17
PVD-Ru	0,172	0,16	0,155	0,19
PECVD $Ru_{95} - C_5$	0,16	0,197	0,6	19
PEALD $Ru_{95} - C_5$	0,16	5,8		
PEALD-TaNC	0,16	0,174	0,178	0,178
PVD Co	0,1	0,13	> 1000	n. a.

6.1.5 O_2-Barrierewirkung

Tabelle 6.1 fasst die Ergebnisse des O_2-Barrieretests von PVD-, PECVD- und PEALD-Ru-Schichten
zusammen. Gemessen wurden die Schichtwiderstände von Proben mit der Schichtfolge SiO_2 / Ti / Cu /
(Ru-)Barriere (entsprechend Abb. 4.8, nach thermischer Auslagerung an Luft bei diversen Temperaturen.
PVD-Ru-Schichten wiesen eine zu TaN-Schichten mindestens vergleichbare Barrierewirkung gegen Sauerstoffdiffusion auf. Nachteile zeigten sich hingegen für PECVD und PEALD-Ru-C-Schichten. Da ele-
mentare Ru(-C)-Schichten eine zusätzliche TaN-Barriereschicht erfordern, die i. d. R. zugleich eine gute
O_2-Barriere darstellt, ist dieser Punkt nicht so kritisch zu bewerten, wie es für die Ru-Mischschichten
der Fall ist, die z. T. als alleinige Barriere- und Haftvermittlerschicht fungieren sollen. Zum Vergleich ist
auch eine PVD-Co-Schicht untersucht worden, da Co-Schichten in der Literatur ebenfalls als alternativer Haftvermittler zu Ta bzw. als Keimschicht anstelle von Cu diskutiert werden. Die Ergebnisse belegen
jedoch erwartungsgemäß nur eine mangelhafte Barrierewirkung gegen O_2-Diffusion.

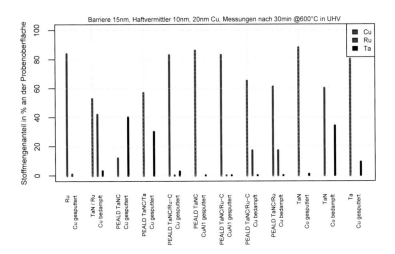

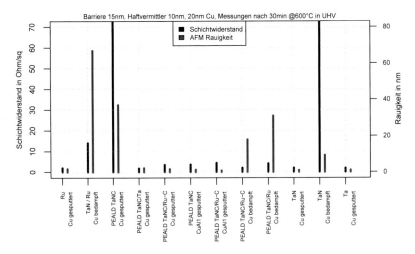

Abbildung 6.16: Cu-Benetzungsverhalten auf PVD- und PEALD-Ru(C)-Schichten. Alle Proben wurden vor der Messung für 30 min im Ultrahochvakuum bei 600 °C getempert.

a) Oberflächenzusammensetzung nach Temperung (XPS-Analyse). Wurden außer Cu auch weitere Elemente detektiert, galt dies als Zeichen von (einsetzender) Entnetzung.

b) Untersuchung von Schichtwiderstand (linke Achse) und Oberflächenrauigkeit (AFM) (rechte Achse).

Verbesserte Cu-Benetzung auf Ru gegenüber Ta, ähnliche Cu-Benetzung von PEALD-Ru-C und PVD-Ru-Filmen, stärkste Cu-Benetzung von Ru in Kombination mit $CuAl_1$.

6.2 PVD-Ru-W und Ru-Ta-Schichten

6.2.1 Spezifischer Widerstand und Schichtmorphologie, Diskussion der Mikrostruktur

In Abb. 6.17 wird der spezifische elektrische Widerstand zahlreicher Ru-Mischschichten verglichen, u. a. mit W und Ta als „Legierungs"partner. Danach führt bereits eine geringe Menge an Ta in Ru - 2 at.-% - zu einer erheblichen Erhöhung des spezifischen Widerstandes, verglichen z. B. mit Mn, das in deutlich höherer Konzentration einen geringeren Anstieg bewirkte. Der Einbau von W in Ru war ebenfalls mit einer starken Erhöhung des spezifischen Widerstandes verbunden, jedoch um etwa die Hälfte geringer als beim Einbau von Ta-Atomen. Z. B. betrug der Widerstand von $Ru_{95}Ta_5$-Dünnschichten 59 $\mu\Omega$cm bzw. von $Ru_{50}Ta_{50}$ 170 $\mu\Omega$cm, von $Ru_{95}W_5$ hingegen nur 30 $\mu\Omega$cm bzw. von $Ru_{50}W_{50}$ nur 80 $\mu\Omega$cm.

Abb. 6.18 zeigt die Röntgenbeugungsspektren (XRD-Kurven) von PVD-Ru-Ta-Schichten nach einstündiger Temperung in N_2/H_2-Atmosphäre bei 350 °C. Mit zunehmendem Anteil an Ta in der Ru-Matrix verschoben bzw. verringerten sich die typischerweise zu Ru gehörigen Beugungsreflexe in ihrer Intensität hin zu einer beinahe gänzlich amorphen Schicht von $Ru_{50}Ta_{50}$.
Abb. 6.19 zeigt die Röntgenbeugungsspektren (XRD-Kurven) von PVD-Ru-W-Schichten. Hier tritt zwar eine ähnliche Verschiebung der Beugungsreflexe auf, allerdings mit einem Maximum an Signalintensität für $Ru_{50}W_{50}$. Die im folgenden Abschnitt dargelegten Barriereergebnisse werden zeigen, dass sowohl eine kristalline als auch eine amorphe Schicht über eine exzellente Barrierewirkung gegen Cu-Diffusion verfügen kann. Demzufolge muss das Bemühen um Amorphisierung einer potentiellen Barriereschicht nicht der einzige Weg zum Erfolg sein. Entscheidend ist letztlich die - mit XRD nicht immer sichtbare - Verstopfung von Defekten und Korngrenzen.

6.2.2 Barrierewirkung gegen Cu-Diffusion

Ru-Ta-Schichten
Abb. 6.20 stellt die Leckstrom-Kurven von MIS-Strukturen mit 100 nm thermischem Oxid und PVD-Ru(Ta)-Schichten als Cu-Diffusionsbarriere während des BTS dar, gemessen bei 250 °C, sowie einer permanent angelegten Feldstärke von + 2 MV/cm. Alle Proben wurden vor der elektrischen Messung 1 h in N_2/H_2-Atmosphäre bei 350 °C getempert. Es konnte keine Erhöhung des Leckstroms infolge Cu-Diffusion bei Verwendung der PVD-RuTa-Barrieren festgestellt werden. Demgegenüber erreichte der Leckstrom für Proben ohne jegliche Cu-Diffusionsbarriere und auch für Proben mit Ru-Barriere bereits nach kurzer Zeit das Niveau oberhalb von 1 nA, was einer ca. 1000-fachen Erhöhung gegenüber dem Niveau ungestresster bzw. nicht degradierter Proben entspricht. Dieser erhöhte Leckstrom wurde von eindiffundierten Cu-Ionen im Dielektrikum verursacht, die Bewegung der Cu-Ionen selbst in den Isolator hinein ist während des BTS messtechnisch kaum zu erfassen, da es sich um sehr kleine Mengen handelt, verteilt auf einen relativ großen Zeitraum. Außerdem fällt der von ihnen verursachte Leckstrom um Größenordnungen höher aus als der ionische Strom der Bewegung von Cu-Ionen. Die entsprechenden, direkt im Anschluss an den BTS durchgeführten TVS-Messungen erlauben jedoch, wie eingangs beschrieben, die Menge an diffundiertem Cu zu erfassen, indem in relativ kurzer Zeit alle im SiO_2 vorhandenen Ionen, auch die Alkali-Ionen, durch das Dielektrikum zur negativen Elektrode driften (Grenzfläche Isolator/ Barriere). Abb. 6.21 zeigt die TVS-Kurven der MIS-Strukturen mit PVD-Ru(Ta)-Schichten als

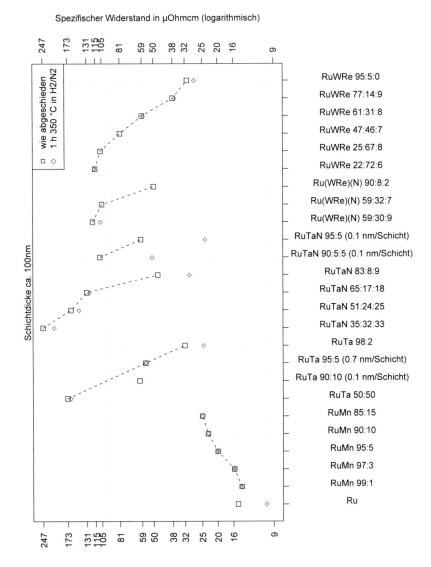

Abbildung 6.17: Spezifischer elektrischer Widerstand von PVD-Mischschichten auf der Basis von Ru und zulegierten Elementen - Mn, Ta(N) oder W(N) - ohne (□) und mit Temperung (◇) für 1 h in N_2/H_2-Atmosphäre bei 350 °C.

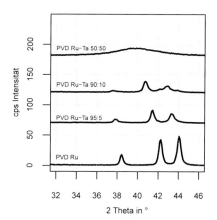

Abbildung 6.18: Röntgenbeugungsspektren (XRD-Kurven) von PVD-Ru-Ta-Schichten. Alle Proben wurden vor der Messung 1 h in N_2/H_2-Atmosphäre bei 350 °C getempert.

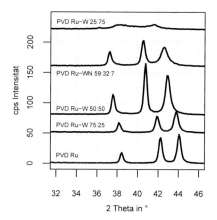

Abbildung 6.19: Röntgenbeugungsspektren (XRD-Kurven) von PVD-Ru-W-Schichten. Alle Proben wurden vor der Messung 1 h in N_2/H_2-Atmosphäre bei 350 °C getempert.

Cu-Diffusionsbarriere nach dem BTS. Es erfolgte keine Cu-Diffusion bei Verwendung aller PVD-RuTa-Barrieren, da kein typischer Cu-Peak im TVS-Graphen auftrat, im Unterschied zu Systemen mit /Cu und Ru/Cu. Die thermische Stabilität der Schichten sollte nun anhand thermischer Auslagerungen bei hohen Temperaturen und anschließendem BTS bestimmt werden. Alle Proben wurden vor der elektrischen Messung 1 h in N_2/H_2-Atmosphäre bei 600 °C getempert. Abb. 6.21 zeigt die TVS-Kurven von MIS-Strukturen mit 100 nm thermischem Oxid und PVD-Ru(Ta)-Schichten als Cu-Diffusionsbarriere, gemessen bei 250 °C, nach 30 min BTS (250 °C, + 2 MV/cm). Keine Cu-Diffusion trat bei Verwendung der PVD-$Ru_{50}Ta_{50}$-Barriere auf, deutliche Cu-Diffusion dagegen mit der PVD-$Ru_{90}Ta_{10}$-Barriere, ersichtlich anhand des großen Cu-Peaks zwischen -30 V und -10 V.

Ru-W(N)-Schichten

Die Vorgänge an und in Proben mit Ru-W(N)-Barriereschichten verliefen analog zu denen mit Ru-Ta-Barriereschichten. Abb. 6.23 stellt die TVS-Kurven von MIS-Strukturen mit 100 nm thermischem Oxid und PVD-RuW(N)-Schichten als Cu-Diffusionsbarriere dar, gemessen bei 250 °C, nach BTS (250 °C, + 2 MV/cm). Alle Proben wurden vor der elektrischen Messung zunächst 1 h in N_2/H_2-Atmosphäre bei 350 °C getempert. Es wurde keinerlei Cu-Diffusion bei Verwendung aller PVD-Ru_xW_y-Schichten beobachtet. Abb. 6.24 zeigt die TVS-Kurven nach thermischer Auslagerung bei 600 °C, mit dem Ergebnis, dass noch keine Cu-Diffusion bei Verwendung der PVD-$Ru_{53}W_{47}$-Barriere einsetzte, ähnlich wie bei TaN-Barrieresystemen. Deutliche Cu-Diffusion trat dagegen bereits nach z. T. wesentlich kürzerer BTS-Dauer für $Ru_{25}W_{75}$-Schichten und $Ru_{90}W_{10}$-Schichten auf. Die Zugabe von N in Ru-W beschleunigte sogar wider Erwarten die Cu-Drift.

Man kann also zusammenfassen, dass PVD-$Ru_{50}Ta_{50}$- und $Ru_{53}W_{47}$-Barriereschichten eine Barrierewirkung gegen Cu-Diffusion ähnlich der von PVD TaN besitzen und dass diese Schichten auch thermisch äußerst stabil sind. Darüber hinaus zeigten auch alle anderen Ru-Mischschichten mit Ta oder W als Legierungspartner eine gute, gegenüber PVD-Ru enorm gesteigerte Barrierewirkung, die allerdings nur bis 350 °C temperaturstabil war und nicht an die Barrierewirkung von PVD-TaN heranreicht, siehe dazu auch Abb. 6.50.

6.2.3 Benetzungsverhalten von Cu

Ru-Ta(N)-Schichten

Das Cu-Benetzungsverhalten von Ru-Ta(N)-Schichten erwies sich durchweg als exzellent, mit leichten Vorteilen für Ru-Ta-Schichten gegenüber Ru-TaN-Schichten. Für Ru-Ta bzw. Ru-TaN-Schichten mit gesputtertem Cu-Film blieb die Rauigkeit der Oberfläche für alle Schichten und stöchiometrischen Verhältnisse nahezu unverändert, auch anhand von XPS war keinerlei Entnetzung nachweisbar, siehe Abb. 6.28 a) und 6.28 b). Abb. 6.25 und 6.41 zeigen jeweils die AFM-Aufnahme einer Probe mit 15 nm $Ru_{95} - Ta_5$ / 20 nm Cu (bedampft) bzw. mit 15 nm PVD $Ru_{83} - TaN_{17}$ / 20 nm Cu (bedampft) nach 600 °C Temperung im UHV für 30 min. Die Erhöhung der Cu-Oberflächenrauigkeit und des XPS-Signals von unterliegendem Ru oder Ta lag bei den $Ru_{83} - TaN_{17}$-Schichten (Klassifizierung (1 1 0)) etwas über dem Niveau von $Ru_{95} - Ta_5$-Schichten (Klassifizierung (1 1 1)). Eine sehr gute Cu-Benetzung wurde auch auf $Ru_{50} - Ta_{50}$-Schichten erreicht (Klassifizierung (1 1 1) für bedampftes Cu), siehe Abb. 6.28 a) und 6.28 b). Dies ist vor dem Hintergrund einer exzellenten Cu-Barrierewirkung dieser Schichten

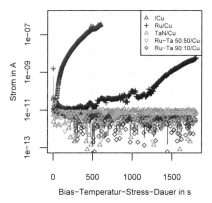

Abbildung 6.20: BTS-Leckstrom-Kurven von MIS-Strukturen mit 100 nm thermischem Oxid und PVD-Ru(Ta)-Schichten als Cu-Diffusionsbarriere, gemessen bei 250 °C, + 2 MV/cm. Alle Proben wurden vor der elektrischen Messung 1 h in N_2/H_2-Atmosphäre bei 350 °C getempert. Keine Erhöhung des Leckstroms infolge Cu-Diffusion bei Verwendung der PVD-RuTa-Barrieren.

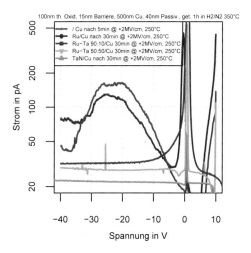

Abbildung 6.21: TVS-Kurven von MIS-Strukturen mit 100 nm thermischem Oxid und PVD-Ru(Ta)-Schichten als Cu-Diffusionsbarriere, gemessen bei 250 °C, nach 30 min BTS (250 °C, + 2 MV/cm). Alle Proben wurden vor der elektrischen Messung 1 h in N_2/H_2-Atmosphäre bei 350 °C getempert. Keine Cu-Diffusion bei Verwendung der PVD-RuTa-Barrieren.

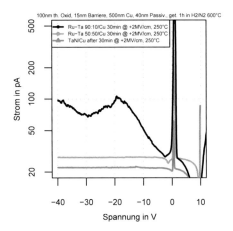

Abbildung 6.22: TVS-Kurven von MIS-Strukturen mit 100 nm thermischem Oxid und PVD-Ru(Ta)-
Schichten als Cu-Diffusionsbarriere, gemessen bei 250 °C, nach 30 min BTS (250 °C,
+ 2 MV/cm). Alle Proben wurden vor der elektrischen Messung 1 h in N_2/H_2-
Atmosphäre bei 600 °C getempert. Keine Cu-Diffusion bei Verwendung der PVD-
$Ru_{50}Ta_{50}$-Barriere, dagegen deutliche Cu-Diffusion mit der PVD-$Ru_{90}Ta_{10}$-Barriere.

und ihrem geringen Ru-Anteil (d. h. relativ betrachtet geringeren Materialkosten) von Bedeutung. Vergleicht man zudem die Cu-Benetzung der Ru-Ta(N)-Mischschichten insgesamt mit der Cu-Benetzung
von reinem Ru, so kristallisiert sich ein klarer Trend heraus, demzufolge die Cu-Benetzung von Ru-
Ta(N)-Mischschichten hervorragend und den Ru-Schichten sogar überlegen war.

Ru-W(N)-Schichten

Das Cu-Benetzungsverhalten stellte sich auf allen untersuchten Ru-W-Proben als ungenügend dar, d. h. es
wurde stets mit (0 0 0) klassifiziert. Abb. 6.26 zeigt beispielhaft die AFM-Aufnahme und zahlenmäßigen
Kenndaten einer Probe mit 15 nm PVD $Ru_{50} - W_{50}$ / 20 nm Cu (gesputtert), nach 600 °C Temperung
in UHV für 30 min. Der Cu-Film war vollständig entnetzt. Dagegen führte die Anreicherung der Ru-W-
Oberfläche mit Ru, hier realisiert durch Einfügen einer 5 nm dünnen PVD-Ru-Schicht, bei allen Proben
zu einem stark verbesserten Cu-Benetzungsverhalten, dargestellt in Abb. 6.27 bzw. zahlenmäßig in den
Abb. 6.29 a) und 6.29 b).

6.2.4 Galvanische Beschichtbarkeit durch Cu

Ru-Ta(N)-Schichten

Nur geringe Unterschiede zeigten sich zwischen RuTa- und RuTaN-Proben. Vielmehr war der Ru-Gehalt
von entscheidender Bedeutung: Lediglich Ru-Mischschichten mit einem Ru-Anteil von mehr als
90 at.-% konnten reproduzierbar gut galvanisiert werden, verbunden mit einer guten Haftung des Cu
im Zuge des sog. Scotchtape-Tests. Der Cu-Film auf $Ru_{95} - Ta_5$ erschien matt glänzend und homo-

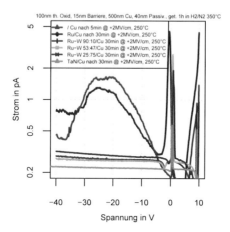

Abbildung 6.23: TVS-Kurven von MIS-Strukturen mit 100 nm thermischem Oxid und PVD-RuW(N)-Schichten als Cu-Diffusionsbarriere, gemessen bei 250 °C, nach BTS (250 °C, + 2 MV/cm). Alle Proben wurden vor der elektrischen Messung 1 h in N_2/H_2-Atmosphäre bei 350 °C getempert. Keine Cu-Diffusion bei Verwendung aller PVD-Ru_xW_y-Schichten.

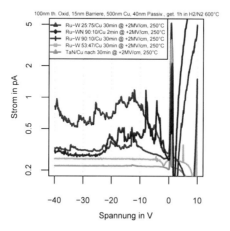

Abbildung 6.24: TVS-Kurven von MIS-Strukturen mit PVD-Ru-W(N)-Schichten als Cu-Diffusionsbarriere, analog Abb. 6.23, nach 600 °C Temperung. Keine Cu-Diffusion bei Verwendung der PVD-$Ru_{53}W_{47}$-Barriere, deutliche Cu-Diffusion bereits nach kürzerer BTS-Dauer für $Ru_{25}W_{75}$-Schichten und $Ru_{90}W_{10}$-Schichten. Das Hinzufügen von N in Ru-W beschleunigte wider Erwarten die Cu-Drift.

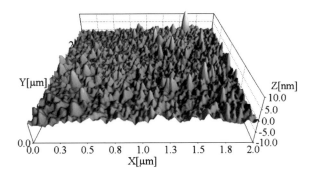

Abbildung 6.25: AFM-Aufnahme einer Probe mit 15 nm PVD $Ru_{95} - Ta_5$ / 20 nm Cu (bedampft), nach 600 °C Temperung in UHV für 30 min, (1 1 1)-Klassifizierung der Cu-Benetzung (R_S ca. 3,5 $\Omega/\square$, AFM-Rauigkeit 1,5 nm, XPS-Signal für Ru 0 at.-%.

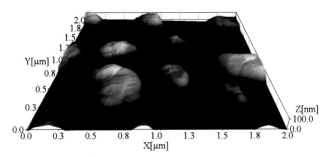

Abbildung 6.26: AFM-Aufnahme einer Probe mit 15 nm PVD $Ru_{50} - W_{50}$ / 20 nm Cu (gesputtert), nach 600 °C Temperung in UHV für 30 min, (0 0 0)-Klassifizierung der Cu-Benetzung (R_S ca. 5 $\Omega/\square$, AFM-Rauigkeit 35 nm, XPS-Signal für Ru 23 at.-%, W 18 at.-%).

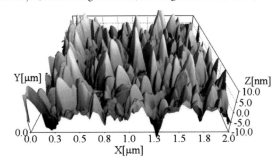

Abbildung 6.27: AFM-Aufnahme einer Probe mit 15 nm PVD $Ru_{50} - W_{50}$ / 5nm PVD-Ru / 20 nm Cu (gesputtert), nach 600 °C Temperung in UHV für 30 min, (1 1 1)-Klassifizierung der Cu-Benetzung. (AFM-Rauigkeit 5,8 nm, XPS-Signal für Ru 1,8 at.-%, W 0,6 at.-%).

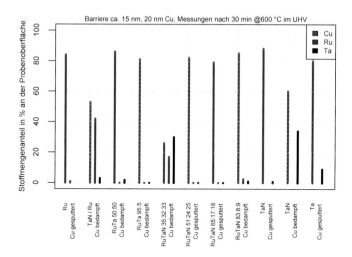

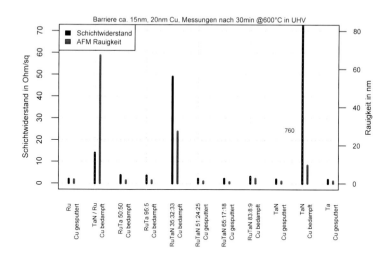

Abbildung 6.28: Cu-Benetzungsverhalten auf PVD-RuTa(N)-Schichten. Alle Proben wurden vor der Messung für 30 min im Ultrahochvakuum bei 600 °C getempert.
a) Oberflächenzusammensetzung nach Temperung (XPS-Analyse). Wurden außer Cu auch weitere Elemente detektiert, galt dies als Zeichen von (einsetzender) Entnetzung.
b) Untersuchung von Schichtwiderstand (linke Achse) und Oberflächenrauigkeit (AFM) (rechte Achse).
Im Vergleich mit konventionellen TaN-Barrierefilmen bzw. Ta-Haftvermittlerschichten zeigten Ru-Ta(N)-Schichten ein überlegenes Cu-Benetzungsverhalten.

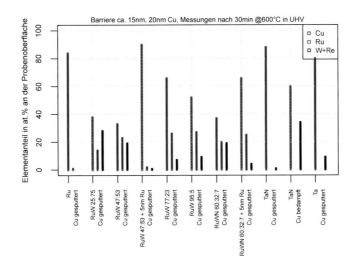

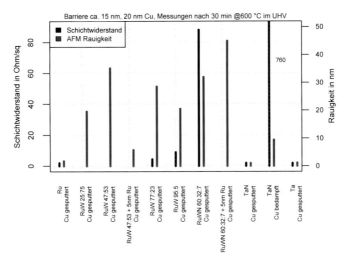

Abbildung 6.29: Cu-Benetzungsverhalten auf PVD-RuW(N)-Schichten. Alle Proben wurden vor der Messung für 30 min im Ultrahochvakuum bei 600 °C getempert.
a) Oberflächenzusammensetzung nach Temperung (XPS-Analyse). Wurden außer Cu auch weitere Elemente detektiert, galt dies als Zeichen von (einsetzender) Entnetzung.
b) Untersuchung von Schichtwiderstand (linke Achse) und Oberflächenrauigkeit (AFM) (rechte Achse).
Im Vergleich mit konventionellen TaN-Barrierefilmen bzw. Ta-Haftvermittlerschichten zeigten Ru-W(N)-Schichten ein ungenügendes Cu-Benetzungsverhalten.

gen über die Probe verteilt, siehe Abb. 6.30. Im Gegensatz dazu bildete sich auf $Ru_{83} - TaN_{17}$ trotz geringem Schichtwiderstand und sehr gutem Cu-Benetzungsverhalten nur ein inhomogener, dunkler Cu-Film (Abb. 6.45). Ein ähnliches Verhalten wurde für $Ru_{50} - Ta_{50}$-Schichten beobachtet. Trotz geringem Schichtwiderstand und sogar exzellentem Cu-Benetzungsverhalten bildete sich hier gleichfalls nur ein inselförmiger, inhomogener Cu-Film, siehe Abb. 6.31. Die Verringerung des Ru-Anteils auf 50 at.-% gegenüber $Ru_{95} - Ta_5$, vorteilhaft für die Barrierewirkung gegen Cu-Diffusion [130], beeinträchtigte also nicht das Cu-Benetzungs-, wohl aber das Cu-Platingverhalten. Daraus wurde geschlussfolgert, dass für das Gelingen der Cu-Beschichtung nicht allein ein geringer Schichtwiderstand sowie ein gutes Benetzungsverhalten der Keimschicht entscheidend sind, sondern auch die chemische Zusammensetzung der zu galvanisierenden Schicht einen Einfluss ausübt.

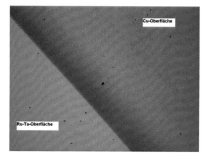

Abbildung 6.30: Mikroskop-Aufnahme (in fünffacher Vergrößerung) einer Probe mit 30 nm $Ru_{95} - Ta_5$ nach der galvanischen Cu-Beschichtung. Der Cu-Film ist glänzend und homogen über die Probe verteilt.

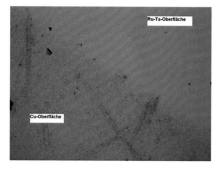

Abbildung 6.31: Mikroskop-Aufnahme (in fünffacher Vergrößerung) einer Probe mit 30 nm PVD $Ru_{50} - Ta_{50}$ nach der galvanischen Cu-Beschichtung. Trotz geringem Schichtwiderstand und exzellentem Cu-Benetzungsverhalten bildete sich nur sporadisch ein inselförmiger, inhomogener Cu-Film.

Ru-W(N)-Schichten

Mit den Ergebnissen der Cu-Benetzung korrespondierten die Erfahrungen hinsichtlich der direkten Cu-Beschichtung auf Ru-W(N)-Schichten. Keine der $Ru_x - W_y$-Proben, auch nicht diejenige mit einem Ru-Anteil von 95 at.-%, ermöglichte die Cu-Galvanik im Sinne eines glänzenden, gut haftenden Cu-Films. Abb. 6.32 zeigt eine Mikroskopaufnahme der $Ru_{95} - W_5$-Probenoberfläche nach der Cu-ECD. Die Cu-Fläche wirkt sehr dunkel und inhomogen, nur ein Teil der Probe konnte überhaupt mit Cu beschichtet werden. Wiederum führte die Anreicherung der Oberfläche mit Ru, realisiert durch Einfügen einer 5 nm dünnen PVD-Ru-Schicht, bei allen Proben zu einem akzeptablen Cu-Platingergebnis, siehe Abb. 6.33. Der Vergleich der galvanischen Cu-Beschichtung auf Ru-W(N)-Schichten mit den Resultaten zur Cu-Benetzung legt die Schlussfolgerung nahe, dass ein gutes Cu-Benetzungsverhalten in jedem Fall erforderlich ist, um eine Keimschicht mit Cu galvanisieren zu können.

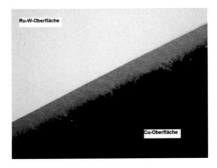

Abbildung 6.32: Mikroskop-Aufnahme (in fünffacher Vergrößerung) einer Probe mit 30 nm $Ru_{95} - W_5$ nach der galvanischen Cu-Beschichtung. Die Cu-Fläche wirkt sehr dunkel und inhomogen, nur ein Teil der Probe konnte überhaupt mit Cu beschichtet werden.

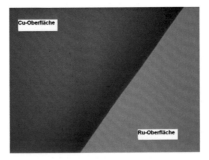

Abbildung 6.33: Mikroskop-Aufnahme (fünffache Vergrößerung) einer Probe mit 30 nm $Ru_{95} - W_5$ / 5 nm PVD-Ru nach der galvanischen Cu-Beschichtung. Der Cu-Film ist glänzend und homogen über die Probe verteilt.

Tabelle 6.2: Ergebnisse des O_2-Barrieretests aller untersuchten Ru-Ta(N,C)-Schichten. Schichtwiderstand von Proben mit der Schichtfolge SiO_2 / Ti / Cu / Barriere, nach thermischer Auslagerung an Luft bei diversen Temperaturen. Keine der galvanisch beschichtbaren Ru-TaN(C)-Schichten wies eine zu TaN-Schichten vergleichbare Barrierewirkung gegen Sauerstoffdiffusion auf.

Barriereschicht (10 nm)	R_S wie abgeschieden [$\Omega/\square$]	R_S nach 250 °C [$\Omega/\square$]	R_S nach 300 °C [$\Omega/\square$]	R_S nach 350 °C [$\Omega/\square$]
PVD TaN	0,18	0,17	0,16	17
PVD Ta	0,18	0,17	0,17	n. b.
PEALD-TaNC	0,16	0,174	0,178	0,178
PVD-Ru	0,172	0,16	0,155	0,19
PVD $Ru_{83} - TaN_{17}$ (0,7 nm / Doppelschicht)	0,18	0,17	0,18	5,3
PVD $Ru_{90} - TaN_{10}$ (0,1 nm / Doppelschicht)	0,2	26,3	-	-
PVD $Ru_{95} - TaN_5$ (0,1 nm / Doppelschicht)	0,2	110	-	-
PVD $Ru_{95} - Ta_5$ (0,7 nm / Doppelschicht)	0,19	0,19	0,19	16,3
PEALD $Ru_{93} - TaNC_7$ (8 nm)	0,26	15,6	-	-
PEALD $Ru_{93} - TaNC_7$ (10 nm)	0,16	0,18	0,23	15,3
PECVD $Ru_{90} - TaNC_{10}$ (10 nm)	0,16	0,2	-	-
PVD Co (10 nm)	0,1	0,13	> 1000	n. b.

6.2.5 O_2-Barrierewirkung

Die Ergebnisse des O_2-Barrieretests der Ru-Ta-Schichten zeigt Tabelle 6.2. Darin sind die Schichtwiderstände von Proben mit einer Schichtfolge „SiO_2 / Ti / Cu / Barriere" zusammengefasst, nach thermischer Auslagerung an Luft bei diversen Temperaturen. Die O_2-Barrierewirkung der $Ru_{95} - Ta_5$-Schicht kann laut diesem Test als vergleichbar zu TaN bezeichnet werden. Allerdings ist diese Probe im Drehbetrieb mit einer Modulation von etwa 0,7 nm pro Ru-Einzelschicht erzeugt worden, bildet also vermutlich die gute O_2-Barrierewirkung von Ru ab. Wie am Beispiel von RuTaN demonstriert, kann aber die O_2-Barrierewirkung bei Verwendung einer Modulation von nur 0,1 nm pro Einzelschicht sehr viel schlechter ausfallen, gleiches wird daher für die $Ru_{95} - Ta_5$-Schicht erwartet. Ru-W-Schichten sind nicht auf ihre O_2-Barrierewirkung hin untersucht worden, da sie aufgrund der mangelhaften Cu-Barrierewirkung, Cu-Benetzung und galvanischen Beschichtbarkeit mit Cu bereits ausscheiden.

6.3 PVD-, PECVD- und PEALD-Ru-TaN(C)-Schichten

6.3.1 Spezifischer Widerstand und Schichtmorphologie, Diskussion der Mikrostruktur

Abb. 6.34 stellt den spezifischen elektrischen Widerstand von PVD-, PECVD- und PEALD-RuTaN(C)-Schichten als Funktion ihres Ru-Gehalts dar. PVD-RuTaN-Nanolaminate mit ca. 0,7 nm/Lage wiesen einen geringeren spezifischen Widerstand auf als PECVD-Ru-TaNC-Nanolaminate, vermutlich aufgrund dickerer zusammenhängender Ru-Lagen, die bei der Abscheidung der Nanolaminate mit PVD erzeugt wurden. Man kann daraus auch auf eine etwas bessere Durchmischung der PECVD-RuTaNC-Schichten gegenüber den PVD-RuTaN-Schichten mit 0,7 nm/Lage schließen. Ru-reiche PVD-RuTaN-Mischschichten mit nur ca. 0,1 nm/Lage offenbaren hingegen einen ähnlichen Widerstand zu PEALD-Mischschichten. Dies ließ zunächst eine ähnliche Mikrostruktur der PVD-, PECVD- und PEALD-RuTaN(C)-Schichten vermuten, was jedoch durch die Unterschiede in der erreichten Cu-Barrierewirkung sowie bei der Schichtmorphologie der Schichten widerlegt wurde. Vielmehr kann gesagt werden, dass bei Ru-reichen Schichten (Ru > 90 at.-%) nicht die Mikrostruktur den entscheidenden Einfluss auf die Leitfähigkeit ausübt, sondern diese im wesentlichen vom Ru-Anteil bestimmt wird.

Abb. 6.35 zeigt Röntgenbeugungsspektren (XRD-Kurven) von PVD-RuTaN-Schichten. Alle Proben wurden vor der Messung 1 h in N_2/H_2-Atmosphäre bei 350 °C getempert. Ein Anteil von mindestens 35 at.-% TaN in der Schicht war erforderlich, um eine vollständige Unterdrückung der Kristallisation herbeizuführen.

Abb. 6.36 zeigt Röntgenbeugungsspektren (XRD-Kurven) von PECVD-RuTaNC-Schichten. Alle Proben wurden ebenfalls vor der Messung 1 h in N_2/H_2-Atmosphäre bei 350 °C getempert. In diesen Schichten war ein Anteil von mindestens 15 at.-% TaNC erforderlich, um eine vollständige Unterdrückung der Kristallisation zu bewirken.

Abb. 6.37 zeigt Röntgenbeugungsspektren (XRD-Kurven) von PEALD-RuTaNC-Schichten, gleichfalls 1 h in N_2/H_2-Atmosphäre bei 350 °C getempert. Bereits ab einem TaNC-Gehalt von etwa 11 at.-% waren diese Schichten vollständig amorph. PEALD-RuTaNC-Schichten mit weniger als 10 at.-% TaNC beinhalteten die entsprechenden Fremdatome zwar innerhalb von Ru-Körnern und -Korngrenzen, dies hatte jedoch noch nicht die vollständige Unterdrückung der Kristallisation zur Folge. Man kann also verallgemeinern, dass mit zunehmendem Grad der Durchmischung ein immer geringerer Anteil an TaN(C) in der Ru-TaN(C)-Schicht erforderlich ist, um deren Amorphisierung zu erwirken.

6.3.2 Barrierewirkung der Schichten gegen Cu-Diffusion

Für alle Ru-TaN(C)-Schichten konnte nach thermischer Auslagerung bei 350 °C eine hervorragende Barrierewirkung gegen Cu-Diffusion nachgewiesen werden, d. h. nach anschließendem BTS zeigten die Teststrukturen im TVS-Graphen keinerlei Cu-Peaks. Nach 600 °C Temperung offenbarten die elektrischen Messungen allerdings Unterschiede im Barriereverhalten, insbesondere zwischen PECVD- bzw. PVD-RuTaN(C)-Schichten und PEALD-RuTaNC-Kompositen.

Abb. 6.38 stellt typische TVS-Kurven von MIS-Strukturen mit 100 nm thermischem Oxid und PVD-RuTaN-Schichten als Cu-Diffusionsbarriere dar, gemessen bei 250 °C, nach BTS (250 °C, + 2 MV/cm), nachdem alle Proben vor der elektrischen Messung 1 h in N_2/H_2-Atmosphäre bei 600 °C getempert wurden. Bei Verwendung der PVD-$Ru_{65}TaN_{35}$-Barriere trat keine Cu-Diffusion auf, deutliche Cu-Diffusion wurde jedoch bereits nach z. T. wesentlich kürzerer BTS-Dauer an PVD-$Ru_{90}TaN_{10}$-Schichten und PVD-$Ru_{95}TaN_5$-Schichten beobachtet.

Abb. 6.39 zeigt analog Abb. 6.38 charakteristische TVS-Kurven von MIS-Strukturen mit PECVD-RuTaNC-Schichten als Cu-Diffusionsbarriere. Bei Verwendung der PECVD-$Ru_{80}TaNC_{20}$-Barriere wurde keine Cu-Diffusion beobachtet, deutliche Cu-Diffusion trat jedoch bereits nach kürzerer BTS-Dauer für PECVD-$Ru_{85}TaNC_{15}$-Schichten sowie für PECVD-$Ru_{93}TaNC_7$-Schichten auf.

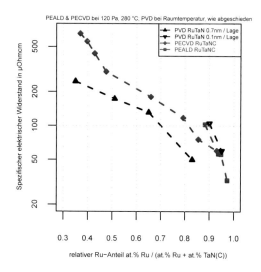

Abbildung 6.34: Spezifischer elektrischer Widerstand von PVD-, PECVD- und PEALD-RuTaN(C)-Schichten im Vergleich. PVD-RuTaN-Nanolaminate mit ca. 0,7 nm/Lage wiesen einen geringeren Widerstand auf als PECVD-Ru-TaNC-Nanolaminate, vermutlich aufgrund dickerer zusammenhängender Ru-Lagen. PVD-RuTaN-Mischschichten mit ca. 0,1 nm/Lage wiesen hingegen einen ähnlichen Widerstand zu PEALD-Mischschichten.

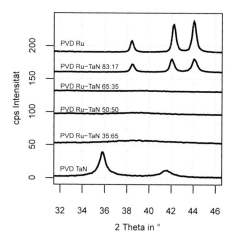

Abbildung 6.35: Röntgenbeugungsspektren (XRD-Kurven) von PVD-RuTaN-Schichten. Alle Proben wurden vor der Messung 1 h in N_2/H_2-Atmosphäre bei 350 °C getempert.

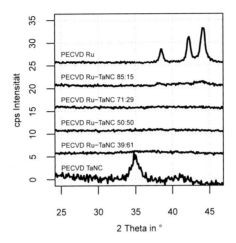

Abbildung 6.36: Röntgenbeugungsspektren (XRD-Kurven) von PECVD-RuTaNC-Schichten. Alle Proben wurden vor der Messung 1 h in N_2/H_2-Atmosphäre bei 350 °C getempert.

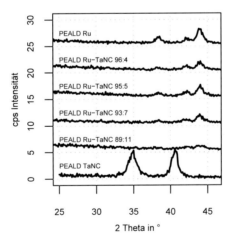

Abbildung 6.37: Röntgenbeugungsspektren (XRD-Kurven) von PEALD-RuTaNC-Schichten. Alle Proben wurden vor der Messung 1 h in N_2/H_2-Atmosphäre bei 350 °C getempert.

Sowohl für PVD- als auch für PECVD-RuTaN(C)-Schichten wurde gerade mit Erreichen desjeni-

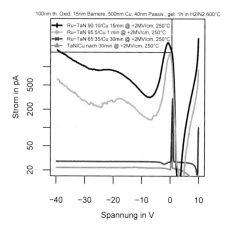

Abbildung 6.38: TVS-Kurven von MIS-Strukturen mit 100 nm thermischem Oxid und PVD-RuTaN-Schichten als Cu-Diffusionsbarriere, gemessen bei 250 °C, nach BTS (250 °C, + 2 MV/cm). Alle Proben wurden vor der elektrischen Messung 1 h in N_2/H_2-Atmosphäre bei 600 °C getempert. Keine Cu-Diffusion bei Verwendung der PVD-$Ru_{65}TaN_{35}$-Barriere, deutliche Cu-Diffusion bereits nach kürzerer BTS-Dauer an PVD-$Ru_{90}TaN_{10}$-Schichten und PVD-$Ru_{95}TaN_5$-Schichten.

gen TaN(C)-Gehalts eine Barrierewirkung ähnlich der von TaN beobachtet, der wie zuvor beschrieben laut XRD auch die Grenze zwischen einer kristallinen oder amorphen Schicht zog. Dies kann so interpretiert werden, dass das *Fehlen* von Korngrenzen, erreicht durch Unterdrückung der Kristallisation ab einem hinreichenden Anteil an TaN(C) in der Ru-Matrix, für die sehr gute Cu-Barrierewirkung der amorphen PVD- und PECVD-RuTaN(C)-Schichten verantwortlich ist. Kristalline Schichten mit einem TaN(C)-Anteil von weniger als 30 at.-% für PVD- bzw. von weniger als 20 at.-% für PECVD-RuTaN(C)-Schichten erwiesen sich nicht als ausreichende Cu-Diffusionsbarrieren, d. h. sie verhinderten Cu-Diffusion zwar wirksam bis 350 °C, besaßen jedoch keine zu PVD-TaN vergleichbare thermische Stabilität.

Schließlich zeigt Abb. 6.40 typische TVS-Kurven von MIS-Strukturen mit 100 nm thermischem Oxid und PEALD-RuTaNC-Schichten als Cu-Diffusionsbarriere, gemessen bei 250 °C, nach BTS (250 °C, + 2 MV/cm), nach einstündiger Temperung in N_2/H_2-Atmosphäre bei 600 °C. Es wurde keine Cu-Diffusion bei Verwendung der PEALD-$Ru_{95}TaNC_5$-Barriere nachgewiesen, d. h. geringe Anteile an TaNC in der Ru-Matrix waren ausreichend, um eine Cu-Barrierewirkung ähnlich der von TaN zu erzielen, vergleichbar auch in ihrer thermischen Stabilität. Im Gegensatz zu den PVD- und PECVD-RuTaN(C)-Nanolaminaten konnten also mit PEALD erzeugte RuTaNC-Komposite auch in kristalliner Form eine Barrierewirkung ähnlich der von TaN gegen Cu-Diffusion erreichen, was mit einer *Verstopfung* von Korngrenzen erklärt werden kann, die aufgrund der hervorragenden Durchmischung von Ru und TaNC

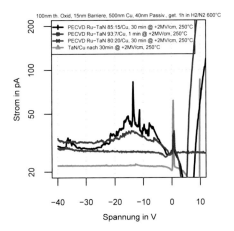

Abbildung 6.39: TVS-Kurven von MIS-Strukturen mit PECVD-RuTaNC-Schichten als Cu-Diffusionsbarriere, analog Abb. 6.38. Keine Cu-Diffusion bei Verwendung der PECVD-$Ru_{80}TaNC_{20}$-Barriere, deutliche Cu-Diffusion bereits nach kürzerer BTS-Dauer für PECVD-$Ru_{85}TaNC_{15}$-Schichten und PECVD-$Ru_{93}TaNC_7$-Schichten.

mittels PEALD erzielt wurde. Allerdings wird die Frage aufgeworfen, weshalb PVD-RuTaN-Schichten mit einer Durchmischung von 0,1 nm/Lage (gleicher spezifischer Widerstand wie PEALD-RuTaNC) nicht ebenfalls über eine zu TaN vergleichbare Barrierewirkung verfügten. Eine mögliche Erklärung kann erneut der in PEALD-Schichten zusätzlich vorhandene Kohlenstoff sein, wie im Vergleich der elementaren PVD- und PEALD-Ru(-C)-Schichten diskutiert.

6.3.3 Benetzungsverhalten von Cu

Die Cu-Benetzungsexperimente an RuTaN(C)-Schichten offenbarten eine hervorragende Cu-Benetzung auf PVD-RuTaN-Schichten, dagegen Benetzungsprobleme bei PECVD- und insbesondere bei PEALD-RuTaNC-Schichten. Eine Übersicht aller experimentellen Ergebnisse stellen die Abbildungen 6.44 a) + 6.44 b) dar. Es folgen ausgewählte Beispiele, anhand derer die gemachten Beobachtungen exemplarisch erläutert werden sollen. Abb. 6.41 zeigt die AFM-Aufnahme einer Probe mit 15 nm PVD $Ru_{83} - TaN_{17}$ / 20 nm Cu (bedampft), nach 600 °C Temperung im UHV für 30 min. Die (1 1 0)-Klassifizierung der Cu-Benetzung (R_S ca. 3,1 $\Omega/\square$, AFM-Rauigkeit 2,4 nm, XPS-Signal für Ru 2,5 at.-%, Ta 1 at.-%) ist Zeugnis einer TaN/Ta bei weitem übertreffenden Cu-Benetzung, da es sich um eine bedampfte Cu-Keimschicht handelte und die XPS-Signalintensitäten der unterliegenden Schicht sehr klein sind, d. h. bezogen auf die relativ große Fläche des einfallenden Röntgenstrahls nur sehr vereinzelt Lücken in der Cu-Schicht während der thermischen Beanspruchung bei 600 °C entstanden sind. Abb. 6.42 zeigt die AFM-Aufnahme einer Probe mit 15 nm PECVD $Ru_{90} - TaNC_{10}$ / 20 nm Cu (gesputtert), nach 600 °C Temperung in UHV für 30 min. Die (1 1 0)-Klassifizierung der Cu-Benetzung (R_S

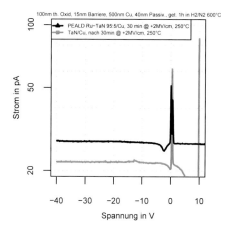

Abbildung 6.40: TVS-Kurven von MIS-Strukturen mit 100 nm thermischem Oxid und PEALD-RuTaNC-Schichten als Cu-Diffusionsbarriere, gemessen bei 250 °C, nach BTS (250 °C, + 2 MV/cm). Alle Proben wurden vor der elektrischen Messung 1 h in N_2/H_2-Atmosphäre bei 600 °C getempert. Keine Cu-Diffusion bei Verwendung der PEALD-$Ru_{95}TaNC_5$-Barriere.

ca. 2,5 $\Omega/\square$, AFM-Rauigkeit 5,6 nm, XPS-Signal für Ru 2 at.-%, Ta 0 at.-%) ist deutlich geringer einzustufen als bei der PVD-RuTaN-Schicht, da es sich hier um eine gesputterte Cu-Keimschicht handelte (siehe Erläuterungen dazu in Abschnitt 4.2.3) und zudem die Rauigkeit der Probe auf immerhin 5,6 nm während der thermischen Auslagerung anstieg.

Abb. 6.43 zeigt schließlich die AFM-Aufnahme einer Probe mit 15 nm PEALD $Ru_{93} - TaNC_7$ / 20 nm Cu (gesputtert), nach 600 °C Temperung in UHV für 30 min. Die (1 0 0)-Klassifizierung der Cu-Benetzung (R_S 9,6 $\Omega/\square$, AFM-Rauigkeit 7,7 nm, XPS-Signal für Ru 16 at.-%, Ta 0 at.-%) offenbart erhebliche Cu-Benetzungsprobleme von PEALD-RuTaNC-Schichten.

6.3.4 Galvanische Beschichtbarkeit durch Cu

Die Qualität der galvanischen Cu-Beschichtung auf RuTaN(C)-Schichten folgte der bereits zuvor gefundenen empirischen Regel, wonach ein Fremdatomgehalt von insgesamt nicht mehr als 10 at.-% „erlaubt" ist, um ein zufriedenstellendes Ergebnis mit konventioneller Cu-Galvanik zu erzielen. Der Vergleich von Abb. 6.45 und Abb. 6.46 macht dies für PVD-RuTaN-Schichten deutlich.

Abb. 6.45 zeigt die Mikroskop-Aufnahme einer Probe mit 30 nm PVD $Ru_{83} - TaN_{17}$ nach der direkten Cu-Galvanik. Trotz geringem Schichtwiderstand und sehr gutem Cu-Benetzungsverhalten bildete sich nur ein inhomogener, dunkler Cu-Film.

Demgegenüber ist der in Abb. 6.46 gezeigte Cu-Film nach vergleichbarer Prozedur auf $Ru_{90} - TaN_{10}$ homogen über die Probe verteilt und glänzend. Ein ähnlicher Trend wurde mit den PECVD-RuTaNC-

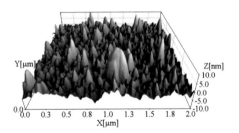

Abbildung 6.41: AFM-Aufnahme einer Probe mit 15 nm PVD $Ru_{83} - TaN_{17}$ / 20 nm Cu (bedampft), nach 600 °C Temperung in UHV für 30 min. (1 1 0)-Klassifizierung der Cu-Benetzung. (R_S ca. 3,1 Ω/□, AFM-Rauigkeit 2,4 nm, Stoffmengenanteil (XPS) für Ru 2,5 at.-%, Ta 1 at.-%).

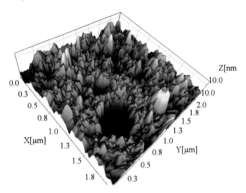

Abbildung 6.42: AFM-Aufnahme einer Probe mit 15 nm PECVD $Ru_{90} - TaNC_{10}$ / 20 nm Cu (gesputtert), nach 600 °C Temperung in UHV für 30 min. (1 1 0)-Klassifizierung der Cu-Benetzung. (R_S ca. 2,5 Ω/□, AFM-Rauigkeit 5,6 nm, Stoffmengenanteil (XPS) für Ru 2 at.-%, Ta 0 at.-%).

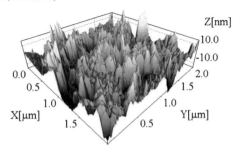

Abbildung 6.43: AFM-Aufnahme einer Probe mit 15 nm PEALD $Ru_{93} - TaNC_7$ / 20 nm Cu (gesputtert), nach 600 °C Temperung in UHV für 30 min. (1 0 0)-Klassifizierung der Cu-Benetzung. (R_S 9,6 Ω/□, AFM-Rauigkeit 7,7 nm, Stoffmengenanteil (XPS) für Ru 16 at.-%, Ta 0 at.-%).

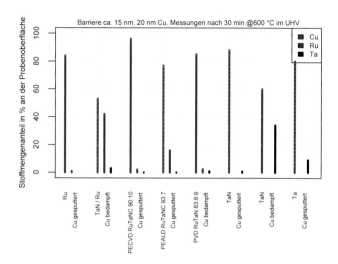

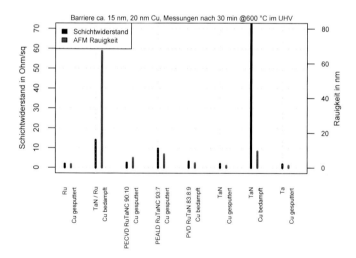

Abbildung 6.44: Cu-Benetzungsverhalten auf RuTaNC-Schichten. Alle Proben wurden vor der Messung für 30 min. im Ultrahochvakuum bei 600 °C getempert.

a) Oberflächenzusammensetzung nach Temperung (XPS-Analyse). Wurden außer Cu auch weitere Elemente detektiert, galt dies als Zeichen von (einsetzender) Entnetzung.

b) Untersuchung von Schichtwiderstand (linke Achse) und Oberflächenrauigkeit (AFM) (rechte Achse).

Die Cu-Benetzung auf PVD-RuTaN-Schichten übertrifft TaN/Ta bei weitem, Benetzungsprobleme bei PECVD- und insbesondere bei PEALD-RuTaNC-Schichten.

Abbildung 6.45: Mikroskop-Aufnahme (fünffache Vergrößerung) einer Probe mit 30 nm PVD $Ru_{83} - TaN_{17}$ nach der Cu-Galvanik. Trotz geringem Schichtwiderstand und sehr gutem Cu-Benetzungsverhalten bildete sich nur ein inhomogener, dunkler Cu-Film.

Abbildung 6.46: Mikroskop-Aufnahme (fünffache Vergrößerung) einer Probe mit 30 nm PVD $Ru_{90} - TaN_{10}$ nach der Cu-Galvanik. Der Cu-Film ist glänzend und homogen über die Probe verteilt.

Proben erhalten. Einige Unterschiede stellten sich hingegen unter Verwendung der PEALD-RuTaNC-Proben heraus.

Abb. 6.47 zeigt die Mikroskop-Aufnahme einer Probe mit 30 nm PEALD $Ru_{90} - TaNC_{10}$ nach der Cu-Galvanik. Der Cu-Film ist nicht homogen und z. T. dunkel abgeschieden. Erst die Erhöhung des Ru-Gehalts auf ca. 95 at.-% führte zu einem zufriedenstellenden Ergebnis, siehe Abb. 6.48.

Zusammengefasst kann gesagt werden, dass mit PEALD die Herstellung einer direkt (galvanisch) mit Cu-beschichtbaren, in ihrer Cu-Barrierewirkung zu TaN äquivalenten RuTaN(C)-Dünnschicht gelungen ist, währenddessen PVD- und PECVD-RuTaN(C)-Schichten im Bereich derjenigen stöchiometrischen Verhältnisse, die für die Cu-ECD geeignet waren, keine hinreichende Barrierewirkung gegen Cu-Diffusion zeigten.

Abbildung 6.47: Mikroskop-Aufnahme (fünffache Vergrößerung) einer Probe mit 30 nm PEALD $Ru_{90} -$ $TaNC_{10}$ nach der Cu-Galvanik. Der Cu-Film ist nicht homogen und z. T. dunkel abgeschieden.

Abbildung 6.48: Mikroskop-Aufnahme (fünffache Vergrößerung) einer Probe mit 30 nm PEALD $Ru_{95} -$ $TaNC_5$ nach der Cu-Galvanik. Der Cu-Film war glänzend und homogen über die Probe verteilt.

6.3.5 O_2-Barrierewirkung

Tabelle 6.2 fasst die Ergebnisse des O_2-Barrieretests aller untersuchten Ru-Ta(N,C)-Schichten zusammen. Die gemessenen Schichtwiderstände von Proben mit der Schichtfolge SiO_2 / Ti / Cu / Barriere, nach thermischer Auslagerung an Luft bei diversen Temperaturen, geben Auskunft darüber, ob die jeweilige Barriereschicht eine Oxidation des unterliegenden Cu verhindern konnte. Keine der galvanisch beschichtbaren Ru-TaN(C)-Schichten wies eine zu TaN-Schichten vergleichbare Barrierewirkung gegen Sauerstoffdiffusion auf, d. h. bereits bei weniger als 300 °C Chiptemperatur erhöhte sich der Schichtwiderstand der Probe an Luft um mehr als 30 %. Die Tatsache, dass PVD $Ru_{83} - TaN_{17}$ mit einer Periodizität von 0,7 nm/ Lage eine deutlich bessere O_2-Barrierewirkung zeigten als mit 0,1 nm/ Lage erzeugte Schichten, ist als weiteres Indiz für die nanolaminatartige Struktur der PVD $Ru_{83} - TaN_{17}$-Schicht gewertet worden. Im Falle einer Mischschicht, z. B. mit PEALD abgeschieden, wurden vermutlich die einzelnen Ta-Atome durch die gesamte Schicht hindurch oxidiert.

6.4 PVD-Ru-Mn-Schichten

6.4.1 Spezifischer Widerstand und Schichtmorphologie, Diskussion der Mikrostruktur

Abb. 6.17 stellt den spezifischen elektrischen Widerstand zahlreicher Ru-Mischschichten vergleichend dar, u. a. mit Mn als „Legierungs"partner. Darin ist ersichtlich, dass Mn auch in relativ hoher Konzentration nur einen geringeren Anstieg des spezifischen Widerstandes bewirkt, dass dieser jedoch bereits durch eine vergleichbar geringe Menge z. B. an Ti in Ru - 2 at.-% - immens erhöht wird. Als mögliche Erklärung dafür wurde der wesentlich größere Atomradius von Ta gegenüber Mn in Abschnitt 6.2.1 diskutiert. Ferner ist zu berücksichtigen, dass Mn keinerlei Mischbarkeit mit Ru besitzt, d. h. eine Einlagerung in Korngrenzen bzw. auf Zwischengitterplätzen wahrscheinlich ist, nicht jedoch die Ausbildung eines (u. U. hochohmigen) Mischkristalls. Von größerer Bedeutung ist allerdings die Tatsache, dass sich der spezifische Widerstand von Ru-Mn-Schichten im Zuge einer thermischen Auslagerung nicht verringerte - für reine Ru-Schichten wurde demgegenüber eine Reduzierung um bis zu 40 % beobachtet. Dies spricht für eine hohe thermische Stabilität der Ru-Mn-Kompositschichten, d. h. für eine geringe Diffusivität des Mn in Ru. Von entscheidender Bedeutung ist dies für die Erhaltung der Barrierewirkung gegen Cu-Diffusion (der Verstopfung von Korngrenzen) nach hoher thermischer Belastung der Schicht, verglichen z. B. mit Ru-C- oder Ru-N-Schichten, in denen C bzw. N oberhalb von Temperaturen um 400 °C zur Segregation neigt.

Abb. 6.49 zeigt Röntgenbeugungsspektren (XRD-Kurven) von PVD-Ru-Mn-Schichten. Alle Proben wurden vor der Messung 1 h in N_2/H_2-Atmosphäre bei 350 °C getempert. Die Beugungsreflexe unterlagen keiner Verschiebung, wie etwa bei Ru-W oder Ru-Ta beobachtet, auch die Intensität der Peaks nahm selbst bei Hinzufügen einer vergleichsweise großen Menge (15 at.-%) von Mn nur unwesentlich ab. Daraus lässt sich erneut schließen, dass in Ru-Mn keine Mischkristalle entstanden sind, d. h. dass Mn vorwiegend auf Zwischengitterplätzen bzw. in Korngrenzen eingelagert wurde, jedoch ohne die Kristallisation merklich zu behindern. Infolgedessen bestehen gute Voraussetzungen dafür, dass auch eine kristalline Schicht eine hervorragende Barrierewirung gegen Cu-Diffusion aufweisen kann.

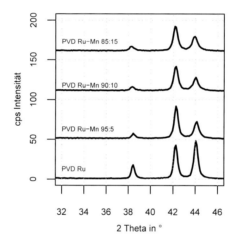

Abbildung 6.49: Röntgenbeugungsspektren (XRD-Kurven) von PVD-Ru-Mn-Schichten. Alle Proben wurden vor der Messung 1 h in N_2/H_2-Atmosphäre bei 350 °C getempert. Keine Verschiebung der Beugungsreflexe wurden beobachtet, d. h. eine Mischkristallbildung ist sehr unwahrscheinlich.

6.4.2 Barrierewirkung gegen Cu-Diffusion

In Abb. 6.50 ist die Anzahl der während BTS ($250\,^{\circ}$C, $T_{BTS} = 5$ min) in ein thermisches Oxid ($100\,\text{nm}$) gedrifteten Cu-Ionen aufgetragen, bezogen auf eine Querschnittfläche von $1\ cm^2$, in Abhängigkeit der elektrischen Feldstärke, und für verschiedene Barriereschichten im Vergleich. Alle Proben wurden vor der Messung 1 h in N_2/H_2-Atmosphäre bei $350\,^{\circ}$C getempert. $Ru_{95}Mn_5$-Schichten zeigten eine höhere Barrierewirkung als $Ta_{90}N_{10}$-Schichten, d. h. auch bei sehr hohen Feldstärken konnte innerhalb der Bestimmungsgrenze nahezu keine Cu-Diffusion nachgewiesen werden.

Abb. 6.51 stellt typische TVS-Kurven von MIS-Strukturen mit 100 nm thermischem Oxid und PVD-

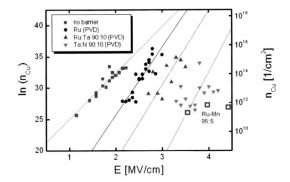

Abbildung 6.50: Anzahl der während BTS ($250\,^{\circ}$C, $T_{BTS} = 5$ min) in ein thermisches Oxid ($100\,\text{nm}$) ge-driffteten Cu-Ionen, bezogen auf eine Querschnittfläche von $1\ cm^2$, in Abhängigkeit der elektrischen Feldstärke für verschiedene Barriereschichten im Vergleich. Alle Proben wurden vor der Messung 1 h in N_2/H_2-Atmosphäre bei $350\,^{\circ}$C getempert. $Ru_{95}Mn_5$-Schichten zeigten eine höhere Barrierewirkung als $Ta_{90}N_{10}$-Schichten.

Ru-Mn-Schichten als Cu-Diffusionsbarriere dar, gemessen bei $250\,^{\circ}$C, nach 30 min BTS ($250\,^{\circ}$C, + 2 MV/cm). Alle Proben wurden vor der elektrischen Messung 1 h in N_2/H_2-Atmosphäre bei $600\,^{\circ}$C getempert. Im Ergebnis war die Skalierung des Mn-Gehalts in Ru bis auf 1 at.-% möglich, ohne Beeinträchtigungen hinsichtlich der Barrierewirkung in Kauf nehmen zu müssen. Auch $Ru_{99}Mn_1$-Schichten waren demnach bis $600\,^{\circ}$C thermisch stabil und unterdrückten Cu-Diffusion bzw. Cu-Felddrift während anschließendem BTS. Dieses Ergebnis ist insofern bemerkenswert, da es ein großes Prozessfenster für die Fertigung integrierter Schaltkreise erlaubt: In einer Grabenstruktur ist damit zu rechnen, dass der Mn-Gehalt an verschiedenen Stellen (insbesondere an verschiedenen Tiefen an den Seitenwänden) aufgrund der sehr unterschiedlichen Atommassen von Ru und Mn variiert, die sich wahrscheinlich erheblich bei der Nachionisation bzw. beim Rücksputtern auswirken werden. (Derartige Effekte sind bereits für Ru-Ta-Schichten nachgewiesen worden [125], mithin bei vergleichsweise geringeren Unterschieden der atomaren Masse der die Mischschicht bildenden Teilchen.)

In Abb. 6.52 sind typische I-V-Kurven von MIS-Strukturen mit 100 nm (ultra)low-κ-Dielektrikum und PVD-Ru-Mn-Schichten als Cu-Diffusionsbarriere aufgetragen, gemessen bei $250\,^{\circ}$C, + 1,5 MV/cm BTS.

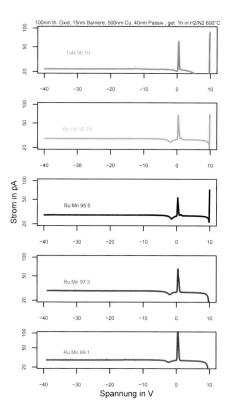

Abbildung 6.51: TVS-Kurven von MIS-Strukturen mit 100 nm thermischem Oxid und PVD-Ru-Mn-
Schichten als Cu-Diffusionsbarriere, gemessen bei 250 °C, nach 30 min BTS (250 °C,
+ 2 MV/cm). Alle Proben wurden vor der elektrischen Messung 1 h in N_2/H_2-
Atmosphäre bei 600 °C getempert. Eine Reduzierung des Mn-Gehalts in Ru war bis
auf 1 at.-% möglich, ohne Degradation der Barrierewirkung.

Alle Proben wurden vor der elektrischen Messung 1 h in N_2/H_2-Atmosphäre bei 350 °C getempert. Die Leckstromdichte nahm während der Stressdauer kontinuierlich ab, ein erster Hinweis darauf, dass keine Cu-Ionen in das (ultra)low-κ-Dielektrikum eingedrungen sind und etwa in Form von Traps o. ä. dessen isolierende Wirkung beeinträchtigten. Die korrespondierenden TVS-Kurven zeigt Abb. 6.53. Sowohl für Teststrukturen mit TaN-Barriere, als auch für solche mit Ru-Mn-Barriereschicht ist dem Verschiebungsstrom im Bereich hoher negativer Spannungen ein erheblicher Leckstrom überlagert, der jedoch keinen ionischen Peak darstellt. Damit wurde die Anwendbarkeit von Ru-Mn-Kompositschichten als exzellente Cu-Diffusionsbarriere auch auf (ultra)low-κ-Dielektrika demonstriert.

In Anbetracht dieser Ergebnisse ist die Ursache der Barrierewirkung von hohem Interesse, d. h. ob es sich um eine selbstformierende $(Mn_x - Si_y - O_z\text{-})$ Barriereschicht handelt, oder ob die Barrierewirkung intrinsisch, d. h. dem Ru-Mn-Komposit zuzuordnen ist. Den vorigen kristallographischen und elektrischen Untersuchungen (Widerstand) zufolge ist - die ursprünglich beabsichtigte - selbstjustierende Formierung einer Mn-basierten Barriereschicht im Zuge der thermischen Auslagerung der Teststruktur unwahrscheinlich. Im folgenden wurden umfangreiche TEM-Präparationen, sowie Analytik mit Tiefenprofilmessung durchgeführt, um den Ursprung der Barrierewirkung aufzuklären. Übereinstimmend wurde dabei anhand unterschiedlicher Methoden festgestellt, dass die Barrierewirkung von Ru-Mn-Schichten intrinsisch ist, d. h. auf der Verstopfung von Korngrenzen beruht, und sich keine Barriereschicht an der Grenzfläche zum Dielektrikum infolge Mn-Segregation gebildet hat. Stellvertretend für diese Untersuchungen soll an dieser Stelle die XPS-Tiefenprofilmessung betrachtet werden, da sie neben der Detektierung der Elemente auch Rückschlüsse auf deren Bindungszustand erlaubt, was für die Beurteilung einer u. U. an der Grenzfläche ablaufenden Reaktion von Si, O und Mn von Vorteil ist.

Die Abb. 6.54 und 6.55 zeigen jeweils die XPS-Spektren im Tiefenprofil für Ru und O bzw. für Cu und Mn an MIS-Strukturen mit 100 nm Dielektrikum, PVD-Ru-Mn-Schichten als Cu-Diffusionsbarriere und darauf in situ abgeschiedener Cu-Metallisierung (20 nm). Die Probe wurde vor der analytischen Messung 1 h in N_2/H_2-Atmosphäre bei 350 °C getempert. Folgende Aussagen können daraus abgeleitet werden: Eine Diffusion von Cu in Ru-Mn, bzw. umgekehrt von Ru in Cu hat nicht stattgefunden. Ebenso erfolgte keine Diffusion von Mn in Cu. Anhand der unveränderten Position der Si- und O-Peaks hat darüber hinaus keine Reaktion von Mn mit Si oder O stattgefunden. Die bildgebende TEM-Aufnahme des Teststrukturquerschnitts nach Temperung in N_2/H_2-Atmosphäre bei 600 °C bestätigt dies (siehe Abb. 6.56).

6.4.3 Benetzungsverhalten von Cu

Das Cu-Benetzungsverhalten auf Ru-Mn-Schichten erwies sich gegenüber TaN/Ta als enorm gesteigert. Abb. 6.57 zeigt die AFM-Aufnahme einer Probe mit 15 nm $Ru_{95} - Mn_5$ / 20 nm Cu (bedampft), nach 600 °C Temperung im UHV für 30 min, laut derer sich die Rauigkeit der Cu-Schicht nur unwesentlich erhöht darstellte und kein Ru im Bereich der Oberfläche mittels XPS detektiert werden konnte. Die beobachtete (1 1 1)-Klassifizierung der Cu-Benetzung wurde als Indiz für eine ausgezeichnete Cu-Benetzung auf Ru-Mn-Kompositen gewertet, was sich im Zuge der Cu-Galvanik durch gute Cu-Haftung bestätigte. Diese Schlussfolgerung wird durch zahlreiche Veröffentlichungen anderer Gruppen gestützt, z. B. [33], in denen die Bedeutung einer Mn-Dotierung bereits im niedrigen at.-%-Bereich zur Verbesserung der Cu-Adhäsion (und demzufolge auch zur Verlängerung der Elektromigrations-Lebensdauer von Cu-

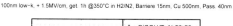

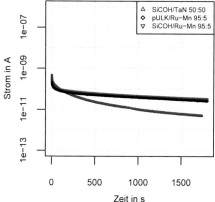

Abbildung 6.52: I-V-Kurven von MIS-Strukturen mit 100 nm low-κ Dielektrikum und PVD-Ru-Mn-
Schichten als Cu-Diffusionsbarriere, gemessen bei 250 °C, + 1,5 MV/cm. Alle Proben
wurden vor der elektrischen Messung 1 h in N_2/H_2-Atmosphäre bei 350 °C getempert.
Keine Degradation während BTS von Proben mit Ru-Mn-Barriereschicht.

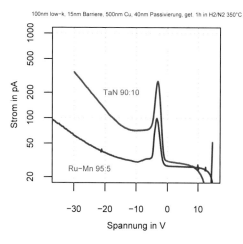

Abbildung 6.53: TVS-Kurven von MIS-Strukturen mit 100 nm low-κ Dielektrikum und PVD-Ru-Mn-
Schichten als Cu-Diffusionsbarriere, gemessen bei 250 °C, nach 30 min BTS (250 °C,
+ 1,5 MV/cm). Alle Proben wurden vor der elektrischen Messung 1 h in N_2/H_2-
Atmosphäre bei 350 °C getempert. Keine Cu-Peaks nach BTS an Proben mit Ru-Mn-
Barriereschicht.

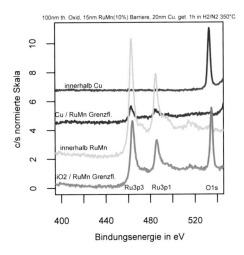

Abbildung 6.54: XPS-Spektren (Tiefenprofil) für Ru und O an MIS-Strukturen mit 100 nm low-
κ Dielektrikum, PVD-Ru-Mn-Schichten als Cu-Diffusionsbarriere und 20 nm Cu-
Metallisierung. Die Probe wurde vor der elektrischen Messung 1 h in N_2/H_2-
Atmosphäre bei 350 °C getempert. Keine Diffusion von Cu in Ru-Mn, bzw. von Ru
in Cu.

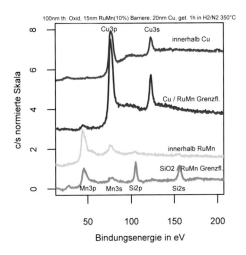

Abbildung 6.55: XPS-Spektren (Tiefenprofil) für Cu und Mn an MIS-Strukturen mit 100 nm Dielektrikum, PVD-Ru-Mn-Schichten als Cu-Diffusionsbarriere und 20 nm Cu-Metallisierung.
Die Probe wurde vor der elektrischen Messung 1 h in N_2/H_2-Atmosphäre bei 350 °C
getempert. Keine Diffusion von Mn in Cu, keine Reaktion von Mn mit Si oder O.

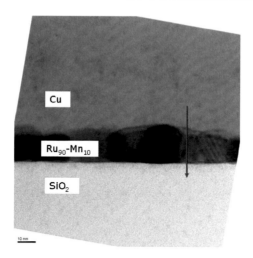

Abbildung 6.56: TEM-Bild einer MIS-Struktur mit 100 nm thermischem Oxid und PVD-Ru-Mn-Schicht
als Cu-Diffusionsbarriere, nach Temperung in N_2/H_2-Atmosphäre bei 600 °C.

Leitbahnen) hervorgehoben wurde.

Der detaillierte Vergleich mit TaN-Barriereschichten bzw. mit Ta- oder Ru-Haftvermittlerschichten (siehe Abb. 6.60a und b)) offenbarte eine deutliche Überlegenheit der Ru-Mn-Schichten, vergleichbar mit
dem Cu-Benetzungsverhalten von Ru-Ta-Schichten - allerdings bietet Ru-Mn auch den Vorteil einer hinreichenden Barrierewirkung gegen Cu-Diffusion. Abb. 4.5b) zeigt etwa die AFM-Aufnahme sowie die
assoziierten XPS- und R_S-Daten der Oberfläche einer Probe mit ALD-TaNC-Barriereschicht, PVD-Ru-
Haftvermittlerschicht und bedampfter Cu-Keimschicht, ebenfalls nach 600 °C Temperung im UHV für
30 min. Das Cu agglomerierte vollständig während der thermischen Auslagerung. Ein ähnliches Verhalten wurde auch für Ru auf PVD-TaN beobachtet, siehe Abb. 6.60a und b).

Die verbesserte Benetzung von Ru-Schichten gegenüber Ta-Schichten konnte also für Ru-Mn-Schichten
noch gesteigert werden. Dies ist vor allem bei Verwendung ultradünner Cu-Keimschichten von Bedeutung. Die Abbildungen 6.58 und 6.59 stellen jeweils die AFM-Aufnahme einer Probe mit $Ru_{95} - Mn_5$
/ 7 nm Cu (gesputtert) und einer Probe mit 10 nm PVD-TaN / 10 nm Ta / 7 nm Cu (gesputtert) im Ausgangszustand, d. h. wie abgeschieden, dar. In der bis zur XPS- und AFM-Messung verstrichenen Zeit
agglomerierte die Cu-Keimschicht nach Schichtwiderstand, AFM und XPS bereits auf TaN/Ta, währenddessen dies auf Ru-Mn deutlich weniger ausgeprägt war - hier erhöhte sich die Rauigkeit der Cu-
Keimschicht zwar leicht, aber es konnte noch kein Ru oder Mn mit XPS im Bereich der Probenoberfläche nachgewiesen werden, d. h. es bestand noch ein zusammenhängender Cu-Film, der erst später
im Zuge der enormen thermischen Belastung entnetzte. Eine solche gute Benetzung ultradünner Cu-
Keimschichten ist für die Fertigung kommender Technologiegenerationen < 28 nm von hoher technischer
Bedeutung.

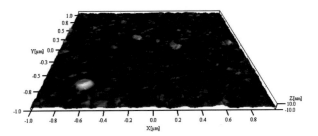

Abbildung 6.57: AFM-Aufnahme einer Probe mit 15 nm PVD $Ru_{95} - Mn_5$ / 20 nm Cu (bedampft), nach 600 °C Temperung im UHV für 30 min. (1 1 1)-Klassifizierung der Cu-Benetzung. (R_S 1,7 Ω/□, AFM-Rauigkeit 2 nm, XPS-Signal für Ru 0 at.-%.

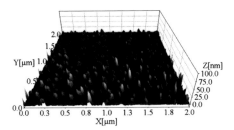

Abbildung 6.58: AFM-Aufnahme einer Probe mit $Ru_{95} - Mn_5$ / 7 nm Cu (gesputtert), wie abgeschieden (R_S 2,3 Ω/□, AFM-Rauigkeit 4,2 nm, XPS-Signal für Ru 0 at.-%). Die ultradünne Cu-Schicht wies zwar bereits eine leicht erhöhte Rauigkeit auf, es konnte jedoch noch kein Ru bzw. Mn mit XPS nachgewiesen werden, d. h. die Cu-Keimschicht bildete einen zusammenhängenden Film.

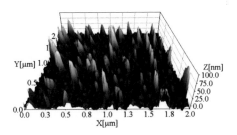

Abbildung 6.59: AFM-Aufnahme einer Probe mit 10 nm PVD TaN / 10 nm Ta / 7 nm Cu (gesputtert), wie abgeschieden (R_S 93 Ω/□, AFM-Rauigkeit 12,9 nm, XPS-Signal für Ta 14 at.-%). In der bis zur XPS- und AFM-Messung verstrichenen Zeit agglomerierte die ultradünne Cu-Keimschicht nach Schichtwiderstand, AFM und XPS bereits bei Raumtemperatur deutlich.

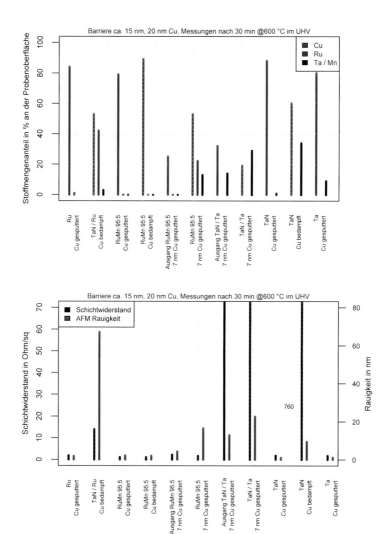

Abbildung 6.60: Cu-Benetzungsverhalten auf PVD-RuMn-Schichten. Alle Proben wurden vor der Messung für 30 min. im Ultrahochvakuum bei 600 °C getempert.
a) Oberflächenzusammensetzung nach Temperung (XPS-Analyse). Wurden außer Cu auch weitere Elemente detektiert, galt dies als Zeichen von (einsetzender) Entnetzung.
b) Untersuchung von Schichtwiderstand (linke Achse) und Oberflächenrauigkeit (AFM) (rechte Achse).
Deutlich gesteigerte Cu-Benetzung auf Ru-Mn gegenüber TaN-Barriere- und Ta-Haftvermittlerschichten. Erhöhte Cu-Benetzung gegenüber reinen Ru-Filmen.

6.4.4 Galvanische Beschichtbarkeit durch Cu

Die Cu-ECD auf Ru-Mn-Schichten verlief problemlos, sofern der Mn-Gehalt 10 at.-% nicht überstieg. Abb. 6.61 zeigt die Mikroskop-Aufnahme eines Coupons mit 30 nm PVD $Ru_{95} - Mn_5$ nach der Cu-ECD. Der Cu-Film erschien glänzend und homogen über die Probe verteilt. Im Gegensatz dazu standen die Ergebnisse von Proben mit 30 nm PVD $Ru_{85} - Mn_{15}$. Die Mikroskop-Aufnahme dieser Probe nach der Cu-ECD (nicht dargestellt) zeigte, dass sich trotz vergleichbar geringem Schichtwiderstand zu $Ru_{90} - Ta_{10}$ und sehr gutem Cu-Benetzungsverhalten nur ein inhomogener, dunkler Cu-Film bildete. Auch hier bestätigte sich demnach die bisherige Erfahrung, dass die Cu-ECD auf Ru-basierten Schichten nur mit einem Anteil von > 90 at.-% Ru zuverlässig möglich war. Auch an Ru-Mn-Schichten zeigte sich ferner, dass ein speziell auf die chemischen Eigenschaften des Ru abgestimmtes Cu-Galvanikbad von Vorteil wäre. Im EBSD-Experiment zeigte die galvanisch abgeschiedene Cu-Schicht eine stark ausgeprägte (111)-Textur, wie sie für Cu-Damaszenstrukturen typischerweise wünschenswert ist.

Abbildung 6.61: Mikroskop-Aufnahme (fünffache Vergrößerung) eines Coupons mit 30 nm PVD $Ru_{95} - Mn_5$ nach der Cu-ECD. Der Cu-Film erschien glänzend und homogen über die Probe verteilt.

Die Abb. 6.62 stellt rasterelektronenmikroskopische Aufnahmen an Wafern mit industriell verwendeten Damaszenstrukturen dar, nach direktem Cu-Plating auf einer mit Co-Sputtern abgeschiedenen $Ru_{97} - Mn_3$- Barriere-/Haftvermittler-/Cu-Keimschicht. Die Schichtdicke betrug ca. 50 nm im Feldgebiet, d. h. sie ist relativ dick auf planaren Flächen, aufgrund der unzureichenden Konformität gewöhnlicher PVD-Sputterverfahren jedoch nur sehr dünn an den Seitenwänden der Strukturen. Dennoch konnte ein gutes Füllverhalten nachgewiesen werden. Im unteren REM-Bild, mit höherer Vergrößerung aufgenommen, ist ein schmaler Saum in der Mitte der Gräben ersichtlich, der auf konformes Füllverhalten während der Cu-ECD hindeutet; um ein ideales Superfill-Verhalten zu erreichen (siehe Abschnitt 2.3.4) hätte die Konzentration der Additive sehr genau bestimmt und eingehalten werden müssen, was im Rahmen dieser Arbeit jedoch einen unverhältnismäßigen Aufwand bedeutet hätte.

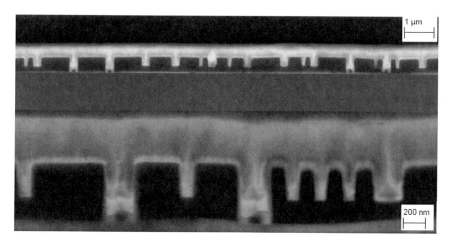

Abbildung 6.62: REM-Aufnahme von direkt galvanisch abgeschiedenem Cu auf einer $Ru_{97} - Mn_3$ Barriere-/ Keimschicht, die mittels Co-Sputtern in einer Damaszenstruktur abgeschieden wurde (50 nm im Feldgebiet). Oben: Übersichtsaufnahme. Unten: Detailaufnahme

6.4.5 O_2-Barrierewirkung

Tabelle 6.3 fasst die Ergebnisse des O_2-Barrieretests aller untersuchten Ru-Mn-Schichten zusammen. Die gemessenen Schichtwiderstände von Proben mit der Schichtfolge SiO_2 / Ti / Cu / Barriere, nach thermischer Auslagerung an Luft bei diversen Temperaturen erlauben die Aussage, dass Ru-Mn-Schichten eine den TaN-Schichten ähnliche Barrierewirkung gegen Sauerstoffdiffusion aufwiesen. Die positive Einschätzung der Ru-Mn-Schichten hinsichtlich dieser fundamentalen Eigenschaft einer neuartigen Barrierebzw. Haftvermittlerschicht bringt einen wesentlichen Vorteil dieser Komposite gegenüber z. B. den RuTa- und RuTaN(C)-Filmen mit sich.

Tabelle 6.3: Ergebnisse des O_2-Barrieretests aller untersuchten Ru-Mn-Schichten. Schichtwiderstände von Proben mit der Schichtfolge SiO_2 / Ti / Cu / Barriere, nach thermischer Auslagerung an Luft bei diversen Temperaturen. Ru-Mn-Schichten wiesen eine zu TaN-Schichten vergleichbare Barrierewirkung gegen Sauerstoffdiffusion auf.

Barriereschicht (10 nm)	R_S wie abgeschieden [$\Omega/\square$]	R_S nach 250 °C [$\Omega/\square$]	R_S nach 300 °C [$\Omega/\square$]	R_S nach 350 °C [$\Omega/\square$]
PVD TaN	0,18	0,17	0,16	17
PVD-Ru	0,172	0,16	0,155	0,19
PVD $Ru_{99} - Mn_1$	0,126	0,14	0,16	n. a.
PVD $Ru_{97} - Mn_3$	0,104	0,102	0,109	32
PVD $Ru_{95} - Mn_5$	0,109	0,1	0,102	26
PEALD-TaNC	0,16	0,174	0,178	0,178
PVD Co	0,1	0,13	>1000	n. a.

6.5 Zusammenfassender Vergleich der Ru-basierten Schichtsysteme

Tabelle 6.4 fasst die wichtigsten Ergebnisse der untersuchten Schichtsysteme zusammen. Eine Einschätzung des Anwendungspotentials der Ru-basierten Schichten erfolgt explizit in der Zusammenfassung.

Tabelle 6.4: Zusammenfassender Vergleich aller untersuchten Ru-basierten Schichtsysteme hinsichtlich wichtiger Qualitätsmerkmale eines Barriere-/ Haftvermittler-/ Keimschichtsystems.

Schichtsystem	Cu-Barrierewirkung	O_2-Barrierewirkung	Cu-Benetzungs-verhalten	galvanische Beschichtbarkeit durch Cu	Einschätzung zum Anwendungspotential / Vorteil vs. TaN/Ta
PVD-Ru	sehr gering	ähnlich TaN	besser als TaN/Ta	gut, falls TaN darunter liegend; z. T. unbefriedigend, falls SiO_2 darunterliegend	*Cu-ECD-fähiger Haftvermittler anstelle von Ta*: verbesserte Cu-Benetzung + EM-Verhalten, weniger oxidationsanfällig + leitfähiges Oxid, Füllen von Strukturen < 40 nm mgl.
PECVD-Ru-C	deutlich besser als PVD-Ru, jedoch geringer als TaN, nicht temperaturstabil bis 600 °C	geringer als TaN, PVD-Ru	besser als TaN/Ta	analog PVD-Ru	analog PVD-Ru, jedoch bessere Konformität
PEALD-Ru-C	wie PECVD-Ru-C	geringer als TaN, PVD-Ru	besser als TaN/Ta	analog PVD-Ru	analog PVD-Ru, jedoch stark verbesserte Konformität
ALD-TaN/Ru(-C)	sehr gut, ähnlich PVD-TaN, auch auf low-k-Dielektrika + mit thermischer ALD möglich	besser als TaN/Ta	besser als TaN/Ta	besser als TaN/Ta	wie PVD-Ru, zusätzlich verbesserte Konformität auch des TaN
PVD-Ru-Ta	50 % Ru-Anteil: sehr gut, ähnlich TaN, thermisch stabil bis 600 °C	0,7 nm/ Lage: gut, 0,1 nm/ Lage: schlechter als TaN	sehr viel besser als TaN/Ta, besser als Ru	schlecht	*als Cu-Barriere + Haftvermittler anstelle von TaN/Ta*: verbesserte Cu-Benetzung + EM-Verhalten, dickere Cu-Keimschicht mgl., O-Diffusion kritisch
PVD-Ru-Ta	90 % Ru-Anteil: PVD-Ru < Ru-Ta < TaN, nicht stabil bis 600 °C	wie $Ru_{50}Ta_{50}$	wie $Ru_{50}Ta_{50}$	gut	*Haftvermittler anstelle von Ta*: wie PVD-Ru, z. T. sogar Vorteile (Benetzung, EM)
PVD-Ru-W(N)	50% Ru-Anteil: sehr gut, ähnlich TaN, thermisch stabil bis 600 °C	n. a.	deutlich schlechter als TaN/Ta	schlecht	gering

Schichtsystem	Cu-Barrierewirkung	O_2-Barrierewirkung	Cu-Benetzungsverhalten	galvanische Beschichtbarkeit durch Cu	Einschätzung zum Anwendungspotential / Vorteil vs. TaN/Ta
PVD-Ru-W(N)	90 % Ru-Anteil: besser PVD-Ru, schlechter als TaN	n. a.	deutlich schlechter als TaN/Ta	schlecht	gering
PVD-Ru-TaN	<65 % Ru-Anteil: sehr gut, ähnlich TaN, thermisch stabil bis 600 °C	wie Ru-Ta	viel besser als TaN/Ta	schlecht	gering
	> 90 % Ru-Anteil: wie Ru-Ta	wie Ru-Ta	viel besser als TaN/Ta	gut	gering, eher Ru-Ta s. o.
PECVD-Ru-TaNC	<80 % Ru-Anteil: ähnlich TaN, bis 600 °C	n. a.	befriedigend, wie TaN/Ta	schlecht	gering
	> 90 % Ru-Anteil: wie Ru-Ta	schlechter TaN	befriedigend	gut	gering
PEALD-Ru-TaNC	auch 95 at.-%Ru ähnlich TaN, stabil bis 600 °C	gut: 10 nm, schlecht: < 8 nm	deutlich schlechter als TaN/Ta	gut für Ru-Anteile > 93 %	*Cu-ECD-fähige Barriere*: mit ALD leicht als gradierte Schicht (hoher Ru-Anteil hin zum Cu) herstellbar, geringerer Widerstand als TaN/Ru
PVD-Ru-Mn	bis 99 % Ru-Anteil ähnlich TaN, stabil bis 600 °C, auch auf low-k wirksam	sehr gut, ähnlich TaN	sehr viel besser als TaN/Ta, besser als Ru	gut für Ru-Anteile > 90 at.-%, sehr dünne Schicht ausreichend in Strukturen	*direkt Cu-ECD-fähige Barriere* oder *Haftvermittlerschicht*: enorme Verbesserung von Cu-Benetzung + EM-Verhalten, sehr geringer Widerstand (Viaboden)

7 Zusammenfassung

Die typischerweise mit der Verkleinerung von Cu-Damaszenstrukturen einhergehende Reduzierung der Cu-Keimschichtdicke wird für künftige Technologiegenerationen zunehmend kritisch, da die Gefahr der Hohlraumbildung (zu „dicke" Cu-Keimschicht im Bereich der oberen Öffnung von Strukturen, zu „dünne" Keimschicht an den unteren Seitenwänden) sowie der Oxidation von Ta-Haftvermittler- und TaN-Barriereschicht besteht.

Ziel der Arbeit war daher das Finden einer Alternative zu TaN/Ta/Cu. Idealerweise erfüllt dann sogar eine einzelne Schicht, mindestens jedoch das gesamte Schichtsystem folgende Qualitätsmerkmale: eine zu TaN vergleichbare Barrierewirkung gegen Cu-Diffusion und -Felddrift in das die Leitbahn umgebende Dielektrikum; eine sehr gute Barrierewirkung gegen O_2-Diffusion aus dem Isolator hin zum Cu; ein Verhindern der Oxidation von Barriere- bzw. Haftvermittlerschicht selbst; eine sehr gute Benetzung bzw. Haftung von Cu auf Barriere-/Haftvermittlerschichten sowie eine gute direkte galvanische Beschichtbarkeit durch Cu.

Der Lösungsansatz bestand in der Verwendung von Ru-basierten Schichten, sowohl auf PVD- als auch auf ALD-Basis. Neben elementaren Ru-Schichten wurden verschiedene Mischschichten entwickelt und charakterisiert, die beigemischte Elemente wie Ta, W, Mn, N und C enthalten. Für die Charakterisierung der Schichtsysteme wurden sowohl analytische Methoden wie TEM, XPS, AFM, XRD, ToF-SIMS etc. angewandt, als auch elektrische Verfahren wie BTS und TVS.

PVD-Ruthenium-Schichten wiesen eine O_2-Barrierewirkung ähnlich TaN, ein gegenüber TaN/Ta deutlich verbessertes Cu-Benetzungsverhalten und eine gute galvanische Beschichtbarkeit durch Cu auf. Sie verfügten jedoch nur über eine geringe Barrierewirkung gegen Cu-Diffusion [131].
Zur konformen Abscheidung von Ru wurden plasmagestützte ALD- und CVD-Verfahren entwickelt und charakterisiert [128]. Dabei konnten in PEALD- und PECVD-Schichten anhand von ToF-SIMS und ERDA Kohlenstoff-Verunreinigungen in Abhängigkeit der Prozessparameter nachgewiesen werden. Die PEALD- bzw. PECVD-Ru(-C)-Schichten zeigten jedoch eine zu PVD-Ru nahezu identische Leitfähigkeit und Schichtmorphologie, auch die Cu-Galvanik war auf allen Ru(-C)-Schichten durchführbar. Bezüglich der Konformität und Barrierewirkung gegen Cu-Diffusion erwiesen sich PECVD-/PEALD-Ru(-C)-Schichten erwartungsgemäß deutlich im Vorteil. Nachteile bestanden hinsichtlich der O_2-Barrierewirkung und des Cu-Benetzungsverhaltens [136].

Für den alternativen Ansatz eines TaN/Ru/Cu-Schichtsystems wurden mehrere Möglichkeiten der Abscheidung einer TaN-basierten Barriereschicht evaluiert, insbesondere von ALD-TaNC-Schichten [127]. Es konnte, z. T. nach geeigneter Vorbehandlung, eine Cu-Barrierewirkung und thermische Stabilität ähnlich PVD-TaN für verschiedene ALD-TaNC-Schichten nachgewiesen werden [132], sowie die Eignung des Schichtsystems TaN/Ru für Cu-Damaszenstrukturen.

Ru-W(N)-Schichten haben sich teilweise als hervorragende Cu-Diffusionsbarriere erwiesen, jedoch als nicht ausreichend in Bezug auf eine direkte Cu-ECD und ihr Cu-Benetzungsverhalten.

$Ru_{90}Ta_{10}$-Schichten zeigten eine hervorragende, PVD-Ru-Schichten noch übertreffende Cu-Benetzung und die Möglichkeit der direkten Cu-ECD, die Cu- und O_2-Barrierewirkung von $Ru_{90}Ta_{10}$ erwies sich aber nicht als vergleichbar zu PVD-TaN. $Ru_{50}Ta_{50}$-Schichten war dagegen eine Barrierewirkung gegen Cu-Diffusion ähnlich TaN und ebenfalls eine sehr gute Cu-Benetzung beschieden, allerdings - und dies konnte als empirische Regel für alle Ru-Kompositschichten beobachtet werden - kann ein Fremdatomanteil von maximal 10 at.-% in Ru toleriert werden, um eine zufriedenstellende Qualität der Cu-ECD zu erzielen [130, 133].

PVD-$Ru_{95}TaN_5$-Schichten überzeugten durch eine stark verbesserte Cu-Benetzung gegenüber TaN/Ta und direkte galvanische Beschichtbarkeit durch Cu, ihre Barrierewirkung gegen Cu-Diffusion erreichte aber nicht das Niveau von TaN. PEALD-$Ru_{95}TaNC_5$-Schichten waren ebenfalls direkt galvanisch mit Cu beschichtbar, darüber hinaus jedoch auch mindestens bis 600 °C temperaturstabil und verhinderten nach anschließendem BTS für 30 min bei 2 MV/cm, 250 °C effektiv eine Cu-Felddrift [134]. Allerdings zeigten diese Schichten Nachteile in Bezug auf das Cu-Benetzungsverhalten und auf die Barriereeigenschaften hinsichtlich der O_2-Diffusion.

$Ru_{90...99}Mn_{1...10}$-Schichten waren auf SiO_2-Dielektrika mindestens bis 600 °C und auf (ultra-)low-κ-Dielektrika mindestens bis 350 °C temperaturstabil und verhinderten ebenfalls effektiv eine Cu-Felddrift nach BTS für 30 min bei 2 MV/cm, 250 °C. Die Barrierewirkung und thermische Stabilität beruhten nicht auf einer selbstformierenden $Mn-Si-O$-Barriereschicht, sondern auf der Verstopfung von Korngrenzen und der geringen Diffusivität von Mn in Ru [129, 135]. Die Cu-Benetzung von Ru-Mn übertraf die Cu-Benetzung von PVD-Ru-Schichten. Bis zu einem Anteil von 10 at.-% Mn gestaltete sich die Cu-Galvanik als einwandfrei durchführbar und auch das O_2-Barriereverhalten erwies sich als ähnlich dem von PVD TaN. Im Gesamtbild zeichnet sich letztlich eine herausragende Stellung der Ru-Mn-Schichten im Vergleich aller bisher für die Mikroelektronik untersuchten Ru-basierten Materialsysteme ab.

Es ergeben sich folgende Schlussfolgerungen:

1. Das Ersetzen der Ta-Haftvermittlerschicht durch eine Ru-basierte Schicht ist am aussichtsreichsten. Die Ru-Schicht unterstützt die Cu-ECD an kritischen Stellen (fehlende Cu-Keimschicht). Sie wird aufgrund der edlen chemischen Eigenschaften des Ru nicht vom galvanischen Bad geätzt. Eine deutliche Reduzierung der Cu-Keimschichtdicke (idealerweise ein völliger Verzicht) ist somit möglich, was das hohlraumfreie Füllen von sub-40 nm-Strukturen erleichtert. Zusätzlich verbessern sich das Cu-Benetzungsverhalten und das EM-Verhalten deutlich. TaN bleibt als bewährte Cu- und O_2-Barriere sowie als Haftvermittler zum Isolator erhalten. Die Abscheidung mit ALD-Verfahren schafft für diesen Ansatz das größte Potential, insbesondere eine gradierte RuTaNC-Schicht (hoher Ru-Anteil zum Cu, hoher TaNC-Anteil zum Isolator hin).

2. Sofern auch weiterhin iPVD verwendet werden kann, bietet sich der Einsatz von RuMn- oder $Ru_{90}Ta_{10}$-Schichten als Haftvermittler an. Es bestehen alle für PVD-Ru genannten Vorteile, das Cu-Benetzungs-verhalten und die EM-Beständigkeit würden aber im System TaN/RuMn oder TaN/$Ru_{90}Ta_{10}$ noch weiter erhöht.

3. Das Ersetzen des gesamten Schichtstapels TaN/Ta/Cu durch eine einzelne PVD-Ru-Mn-Schicht ist möglich. Damit werden zusätzlich zu den genannten Vorteilen von TaN/Ru bzw. TaN/RuMn ein stark verringerter Widerstand des Barriere-/ Keimschichtsystems (wirksam vor allem am Via-Boden) sowie ein erhöhter Cu-Anteil in der Leitbahn erreicht.

4. In einer weiterführenden Arbeit wäre die Entwicklung eines ALD- oder CVD-Prozesses für RuMn von großem Interesse, ebenso der Test der Ru-Mn-Schichten in Bezug auf ihr Elektromigrations-verhalten in realen Damaszstrukturen. Auch die Haftung von Ru-Mn-Schichten auf dielektrischen Schichten ist noch eingehender zu untersuchen.

Literaturverzeichnis

[1]   ABE, M. ; UEKI, M. ; TADA, M. ; ONODERA, T. ; FURUTAKE, N. ; SHIMURA, K. ; SAITO, S. ; HAYASHI, Y.: Highly-oriented PVD ruthenium liner for low-resistance direct-plated Cu interconnects. In: *International Interconnect Technology Conference, IEEE 2007*, 2007, S. 4 –6

[2]   ARMINI, Silvia ; TOKEI, Zsolt ; VOLDERS, Henny ; EL-MEKKI, Zaid ; RADISIC, Aleksandar ; BEYER, Gerald ; RUYTHOOREN, Wouter ; VEREECKEN, Philippe M.: Impact of terminal effect on Cu electrochemical deposition: Filling capability for different metallization options. In: *Microelectronic Engineering* 88 (2011), Nr. 5, S. 754 – 759. – ISSN 0167–9317

[3]   BAEK, Won-Chong ; ZHOU, J.P. ; IM, J. ; HO, P.S. ; LEE, Jeong G. ; HWANG, Sung B. ; CHOI, Kyeong-Keun ; PARK, Shang K. ; JUNG, Oh-Jin ; SMITH, L. ; PFEIFER, K.: Oxidation of the Ta diffusion barrier and its effect on the reliability of Cu interconnects. In: *Reliability Physics Symposium Proceedings, 2006. 44th Annual., IEEE International*, 2006, S. 131–135

[4]   BARMAK, K. ; CABRAL, C. ; RODBELL, K. P. ; HARPER, J. M. E.: On the use of alloying elements for Cu interconnect applications. In: *Journal of Vacuum Science Technology B: Microelectronics and Nanometer Structures* 24 (2006), nov, Nr. 6, S. 2485 –2498. – ISSN 1071–1023

[5]   BARMAK, K. ; GUNGOR, A. ; CABRAL, C. ; HARPER, J. M. E.: Annealing behavior of Cu and dilute Cu-alloy films: Precipitation, grain growth, and resistivity. In: *Journal of Applied Physics* 94 (2003), aug, Nr. 3, S. 1605 –1616. – ISSN 0021–8979

[6]   BARRADAS, N. P. ; JEYNES, C. ; WEBB, R. P.: Simulated annealing analysis of Rutherford backscattering data. In: *Applied Physics Letters* 71 (1997), Nr. 2, S. 291–293. – ISSN 00036951

[7]   BEKE, D. L.: *Diffusion in Semiconductors, Landolt-Börnstein, Group III Condensed Matter*. Bd. 33 (B1). Springer-Verlag, Heidelberg, 1999

[8]   BOOK, G. W. ; PFEIFER, K. ; SMITH, S.: Barrier integrity testing of Ta using triangular voltage sweep and a novel CV-BTS test structure. In: *Microelectronic Engineering* 64 (2002), Nr. 1-4, S. 255 – 260. – ISSN 0167–9317

[9]   BRACHT, H.: Copper related diffusion phenomena in germanium and silicon. In: *Materials Science in Semiconductor Processing* 7 (2004), S. 113–124

[10]   CABRAL, C. ; FLETCHER, B. ; RODBELL, K. ; NITTA, S. ; GUILLORN, M. ; JOSEPH, E. ; ENGELMANN, S. ; BRUCE, R. ; BAKER, B. ; HUANG, Q. ; KELLY, J. ; STRATEN, O. V. ; NOGAMI, T. ; SPOONER, T. ; EDELSTEIN, D.: Metallization opportunities and challenges for future back end of the line technology. In: *Proc. of Advanced Metallization Conference 2010 (AMC 2010)*, 2010

[11] CAMPISANO, S. U. ; COSTANZO, E. ; RIMINI, E.: Grain boundary diffusion and recrystallization in Cu-Pb thin films. In: *Philosophical Magazine* 35 (1977), Nr. 5, S. 1333–1344

[12] CHAKRABORTY, Tonmoy ; GREENSLIT, Daniel ; EISENBRAUN, Eric T.: Nucleation and growth characteristics of electroplated Cu on plasma enhanced atomic layer deposition-grown RuTaN direct plate barriers. In: *Journal of Vacuum Science & Technology B: Microelectronics and Nanometer Structures* 29 (2011), Nr. 3, S. 030605

[13] CHAN, R. ; ARUNAGIRI, T. N. ; ZHANG, Y. ; CHYAN, O. ; WALLACE, R. M. ; KIM, M. J. ; HURD, T. Q.: Diffusion studies of copper on ruthenium thin film. In: *Electrochemical and Solid-State Letters* 7 (2004), Nr. 8, S. G154–G157

[14] CHEN, Chun-Wei ; CHEN, J. S. ; JENG, Jiann-Shing: Improvement on the diffusion barrier performance of reactively sputtered Ru–N film by incorporation of Ta. In: *Journal of The Electrochemical Society* 155 (2008), Nr. 6, S. H438–H442

[15] CHEN, Chun-Wei ; CHEN, J. S. ; JENG, Jiann-Shing: Characteristics of thermally robust 5 nm Ru–C diffusion barrier/Cu seed layer in Cu metallization. In: *Journal of The Electrochemical Society* 156 (2009), Nr. 9, S. H724–H728

[16] CHEN, Fen ; SHINOSKY, M.: Addressing Cu/Low- k dielectric TDDB-reliability challenges for advanced CMOS technologies. In: *Electron Devices, IEEE Transactions on* 56 (2009), jan., Nr. 1, S. 2 –12. – ISSN 0018–9383

[17] CHEON, Taehoon ; CHOI, Sang-Hyeok ; KIM, Soo-Hyun ; KANG, Dae-Hwan: Atomic layer deposition of RuAlO thin films as a diffusion barrier for seedless Cu interconnects. In: *Electrochemical and Solid-State Letters* 14 (2011), Nr. 5, S. D57–D61

[18] CHO, Sung K. ; KIM, Soo-Kil ; HAN, Hee ; KIM, Jae J. ; OH, Seung M.: Damascene Cu electrodeposition on metal organic chemical vapor deposition-grown Ru thin film barrier. In: *Journal of Vacuum Science and Technology B* 22 (2004), Nr. 6, S. 2649–2653. – ISSN 0734211X

[19] CHOI, Bum H. ; LIM, Yong H. ; LEE, Jong H. ; KIM, Young B. ; LEE, Ho-Nyun ; LEE, Hong K.: Preparation of Ru thin film layer on Si and TaN/Si as diffusion barrier by plasma enhanced atomic layer deposition. In: *Microelectronic Engineering* 87 (2010), Nr. 5-8, S. 1391 – 1395. – ISSN 0167–9317

[20] CHRISTIANSEN, C. ; LI, Baozhen ; ANGYAL, M. ; KANE, T. ; MCGAHAY, V. ; WANG, Yun Y. ; YAO, Shaoning: Electromigration-resistance enhancement with CoWP or CuMn for advanced Cu interconnects. In: *Reliability Physics Symposium (IRPS), 2011 IEEE International*, 2011. – ISSN 1541–7026, S. 3E.3.1 –3E.3.5

[21] CHU, J. ; LIN, C.: Thermal stability of Cu(W) and Cu(Mo) films for advanced barrierless Cu metallization: Effects of annealing time. In: *Journal of Electronic Materials* 35 (2006), S. 1933–1936. – 10.1007/s11664-006-0296-5. – ISSN 0361–5235

[22] CHU, J. P. ; LIN, C. H.: Formation of a reacted layer at the barrierless Cu(WN)/Si interface. In: *Applied Physics Letters* 87 (2005), Nr. 21, S. 211902. – ISSN 00036951

[23] CHU, J. P. ; LIN, C. H. ; JOHN, V. S.: Cu films containing insoluble Ru and RuN_x on barrierless
      Si for excellent property improvements. In: *Applied Physics Letters* 91 (2007), Nr. 13, S. 132109.
      – ISSN 00036951

[24] CHU, J. P. ; LIN, C. H. ; SUN, P. L. ; LEAU, W. K.: $Cu(ReN_x)$ for advanced barrierless inter-
      connects stable up to 730 °C. In: *Journal of The Electrochemical Society* 156 (2009), Nr. 7, S.
      H540–H543

[25] CHU, J.P. ; LIN, C.H. ; LEAU, W.K. ; JOHN, V.S.: Thermal stability study of Cu(MoN) seed layer
      on barrierless Si. In: *Journal of Electronic Materials* 38 (2009), S. 100–107. – 10.1007/s11664-
      008-0523-3. – ISSN 0361–5235

[26] CIOFI, I. ; TOKEI, Z. ; VISALLI, D. ; VAN HOVE, M.: Water and copper contamination in
      SiOC:H damascene: Novel characterization methodology based on triangular voltage sweep mea-
      surements. In: *Interconnect Technology Conference, 2006 International*, 2006, S. 181 –183

[27] COHEN, S.A. ; LIU, J. ; GIGNAC, L. ; IVERS, T. ; ARMBRUST, D. ; RODBELL, K.P. ; GATES,
      S.M.: Characterization of thin dielectric films as copper diffusion barriers using triangular voltage
      sweep. In: *Mat. Res. Soc. Symp. Proc. 564 (1999)*, 1999, S. 551–558

[28] DAMAYANTI, M. ; SRITHARAN, T. ; MHAISALKAR, S. G. ; ENGELMANN, H. J. ; ZSCHECH, E.
      ; VAIRAGAR, A. V. ; CHAN, L.: Microstructural evolution of annealed ruthenium–nitrogen films.
      In: *Electrochemical and Solid-State Letters* 10 (2007), Nr. 6, S. P15–P17

[29] DING, Shao-Feng ; XIE, Qi ; MUELLER, Steve ; WAECHTLER, Thomas ; LU, Hai-Sheng ;
      SCHULZ, Stefan E. ; DETAVERNIER, Christophe ; QU, Xin-Ping ; GESSNER, Thomas: The in-
      hibition of enhanced Cu oxidation on ruthenium/diffusion barrier layers for Cu interconnects by
      carbon alloying into Ru. In: *Journal of The Electrochemical Society* 158 (2011), Nr. 12, S.
      H1228–H1232

[30] EOM, Tae-Kwang ; KIM, Soo-Hyun ; KANG, Dae-Hwan ; KIM, Hoon: Characteristics of plasma-
      enhanced atomic layer deposited RuSiN as a diffusion barrier against Cu. In: *Journal of The
      Electrochemical Society* 158 (2011), Nr. 11, S. D657–D663

[31] EOM, Tae-Kwang ; KIM, Soo-Hyun ; PARK, Kye-Sun ; KIM, Sunjung ; KIM, Hoon: Formation
      of nano-crystalline Ru-based ternary thin films by plasma-enhanced atomic layer deposition. In:
      Electrochemical and Solid-State Letters 14 (2011), Nr. 1, S. D10–D12

[32] FARMER, Damon B. ; GORDON, Roy G.: High density Ru nanocrystal deposition for nonvolatile
      memory applications. In: *Journal of Applied Physics* 101 (2007), jun, Nr. 12, S. 124503 –124503–
      5. – ISSN 0021–8979

[33] GAMBINO, Jeffrey P.: Improved reliability of copper interconnects using alloying. In: *IPFA 2010*,
      2010

[34] GREENSLIT, D. ; CHAKRABORTY, T. ; EISENBRAUN, E.: Development of plasma-enhanced
      atomic layer deposition grown Ru-WCN mixed phase films for nanoscale diffusion barrier and

copper direct-plate applications. In: *Journal of Vacuum Science and Technology B* 27 (2009), Nr. 2, S. 631–636. – ISSN 10711023

[35] GUO, Lian ; RADISIC, Aleksandar ; SEARSON, Peter C.: Electrodeposition of copper on oxidized ruthenium. In: *Journal of The Electrochemical Society* 153 (2006), Nr. 12, S. C840–C847

[36] HEIMER, A. ; WOJCIK, H.: *Schematische Darstellung des Kupferdamaszenprozesses*. – unveröffentlicht

[37] HENDERSON, Lucas B. ; EKERDT, John G.: Time-to-failure analysis of 5 nm amorphous Ru(P) as a copper diffusion barrier. In: *Thin Solid Films* 517 (2009), Nr. 5, S. 1645 – 1649. – ISSN 0040–6090

[38] HOSSBACH, C. ; TEICHERT, S. ; THOMAS, J. ; WILDE, L. ; WOJCIK, H. ; SCHMIDT, D. ; ADOLPHI, B. ; BERTRAM, M. ; MUHLE, U. ; ALBERT, M. ; MENZEL, S. ; HINTZE, B. ; BARTHA, J. W.: Properties of plasma-enhanced atomic layer deposition-grown tantalum carbonitride thin films. In: *Journal of The Electrochemical Society* 156 (2009), Nr. 11, S. H852–H859

[39] HU, C.-K. ; GIGNAC, L. M. ; ROSENBERG, R. ; HERBST, B. ; SMITH, S. ; RUBINO, J. ; CANAPERI, D. ; CHEN, S. T. ; SEO, S. C. ; RESTAINO, D.: Atom motion of Cu and Co in Cu damascene lines with a CoWP cap. In: *Applied Physics Letters* 84 (2004), Nr. 24, S. 4986–4988. – ISSN 00036951

[40] HUANG, Hung Y. ; HSIEH, C.H. ; JENG, S.M. ; TAO, H.J. ; CAO, Min ; MII, Y.J.: A new enhancement layer to improve copper interconnect performance. In: *Interconnect Technology Conference (IITC), 2010 International*, 2010, S. 1 –3

[41] HÜBNER, Rene: *Dünne tantalbasierte Diffusionsbarrieren für die Kupfer- Leitbahntechnologie: Thermische Stabilität, Ausfallmechanismen und Einfluss auf die Mikrostruktur des Metallisierungsmaterials*, TU Dresden, Diss., 2004

[42] INDUKURI, T. ; AKOLKAR, R. ; CLARKE, J. ; GENC, A. ; GSTREIN, F. ; HARMES, M. ; MINER, B. ; XIA, F. ; ZIERATH, D. ; BALAKRISHNAN, S.: Electrical and reliability characterization of CuMn self forming barrier interconnects on low k CDO dielectrics. In: *Proc. of Advanced Metallization Conference 2010 (AMC 2010)*, 2010

[43] JEONG, Daekyun ; INOUE, H. ; OHNO, Y. ; NAMBA, K. ; SHINRIKI, H.: Novel PEALD-Ru formation technique using H_2 and H_2/N_2 plasma as a seed layer for direct CVD-Cu filling. In: *Interconnect Technology Conference, 2009. IITC 2009. IEEE International*, 2009, S. 95 –97

[44] JEONG, Daekyun ; INOUE, Hiroaki ; SHINRIKI, Hiroshi: Plasma enhanced atomic layer deposition of Ru-Ta composite film as a seed layer for CVD Cu filling. In: *Interconnect Technology Conference, 2008. IITC 2008. International*, 2008, S. 156 –158

[45] J.LI: *Herstellung, Charakterisierung und Vergleich von Ruthenium-Tantalnitrid-Kompositen mittels plasmagestützter ALD und CVD*, TU Dresden, Diplomarbeit, 2010

[46] JUNIGE, M. *Untersuchung und Optimierung eines plasmagestützten Ruthenium-ALD-Prozesses. Studienarbeit.* 2009

[47] KADOTA, T. ; HASEGAWA, C. ; NIHEI, H.: Ruthenium films deposited under H2 by MOCVD using a novel liquid precursor. In: *Interconnect Technology Conference, 2009. IITC 2009. IEEE International*, 2009, S. 175 –176

[48] KADOTA, Takumi ; HASEGAWA, Chihiro ; NIHEI, Hiroshi: Novel Ruthenium(II) precursor for metal–organic chemical vapor deposition. In: *Japanese Journal of Applied Physics* 47 (2008), Nr. 8, S. 6427–6430

[49] KIM, H. ; DETAVENIER, C. ; STRATEN, O. van d. ; ROSSNAGEL, S. M. ; KELLOCK, A. J. ; PARK, D.-G.: Robust TaN_x diffusion barrier for Cu-interconnect technology with subnanometer thickness by metal-organic plasma-enhanced atomic layer deposition. In: *Journal of Applied Physics* 98 (2005), Nr. 1, S. 014308

[50] KIM, Hoon ; KOSEKI, Toshihiko ; OHBA, Takayuki ; OHTA, Tomohiro ; KOJIMA, Yasuhiko ; SATO, Hiroshi ; HOSAKA, Shigetoshi ; SHIMOGAKI, Yukihiro: Effect of Ru crystal orientation on the adhesion characteristics of Cu for ultra-large scale integration interconnects. In: *Applied Surface Science* 252 (2006), Nr. 11, S. 3938 – 3942. – ICMAT 2005: Symposium L. – ISSN 0169–4332

[51] KIM, Soo-Hyun ; KIM, Hyun T. ; YIM, Sung-Soo ; LEE, Do-Joong ; KIM, Ki-Su ; KIM, Hyun-Mi ; KIM, Ki-Bum ; SOHN, Hyunchul: A bilayer diffusion barrier of ALD-Ru/ALD-TaCN for direct plating of Cu. In: *Journal of The Electrochemical Society* 155 (2008), Nr. 8, S. H589–H594

[52] KIM, Soo-Kil ; CHO, Sung K. ; KIM, Jae J. ; LEE, Young-Soo: Superconformal Cu electrodeposition on various substrates. In: *Electrochemical and Solid-State Letters* 8 (2005), Nr. 1, S. C19–C21

[53] KIM, Sung-Wook ; KWON, Se-Hun ; JEONG, Seong-Jun ; KANG, Sang-Won: Improvement of copper diffusion barrier properties of tantalum nitride films by incorporating ruthenium using PEALD. In: *Journal of The Electrochemical Society* 155 (2008), Nr. 11, S. H885–H888

[54] KOHAMA, K. ; ITO, K. ; TSUKIMOTO, S. ; MORI, K. ; MAEKAWA, K. ; MURAKAMI, M.: Effects of dielectric-layer composition on growth of self-formed Ti-rich barrier layers in Cu (1 at.% Ti) low-k samples. In: *Materials Transactions* 49 (2008), S. 1987–1993

[55] KOIKE, J. ; HANEDA, M. ; IIJIMA, J. ; OTSUKA, Y. ; SAKO, H. ; NEISHI, K.: Growth kinetics and thermal stability of a self-formed barrier layer at Cu-Mn/SiO2 interface. In: *Journal of Applied Physics* 102 (2007), Nr. 4, S. 043527. – ISSN 00218979

[56] KOIKE, J. ; HANEDA, M. ; IIJIMA, J. ; WADA, M.: Cu alloy metallization for self-forming barrier process. In: *Interconnect Technology Conference, 2006 International*, 2006, S. 161 –163

[57] KOIKE, J. ; IIJIMA, J. ; NEISHI, K.: Possibilities and problems of self-forming barrier process for advanced LSI metallization. In: *AMC Proc. 2007*, MRS, 2008, S. 467–473

[58]   KUDO, H. ; HANEDA, M. ; TABIRA, T. ; SUNAYAMA, M. ; OHTSUKA, N. ; SHIMIZU, N. ; OCHI-
       MIZU, H. ; TSUKUNE, A. ; SUZUKI, T. ; KITADA, H. ; AMARI, S. ; MATSUYAMA, H. ; OWADA,
       T. ; WATATANI, H. ; FUTATSUGI, T. ; NAKAMURA, T. ; SUGII, T.: Further enhancement of
       electro-migration resistance by combination of self-aligned barrier and copper wiring encapsulati-
       on techniques for 32-nm nodes and beyond. In: *Interconnect Technology Conference, 2008. IITC
       2008. International*, 2008, S. 117–119

[59]   KUHN, M. ; SILVERSMITH, D. J.: Ionic contamination and transport of mobile ions in MOS
       structures. In: *Journal of The Electrochemical Society* 118 (1971), Nr. 6, S. 966–970

[60]   KUMAR, Sumit ; GREENSLIT, Daniel ; CHAKRABORTY, Tonmoy ; EISENBRAUN, Eric T.: Ato-
       mic layer deposition growth of a novel mixed-phase barrier for seedless copper electroplating
       applications. In: *Journal of Vacuum Science and Technology A* 27 (2009), Nr. 3, S. 572–576. –
       ISSN 07342101

[61]   KWON, Oh-Kyum ; KIM, Jae-Hoon ; PARK, Hyoung-Sang ; KANG, Sang-Won: Atomic layer
       deposition of ruthenium thin films for copper glue layer. In: *Journal of The Electrochemical
       Society* 151 (2004), Nr. 2, S. G109–G112

[62]   KWON, Oh-Kyum ; KWON, Se-Hun ; PARK, Hyoung-Sang ; KANG, Sang-Won: PEALD of a
       ruthenium adhesion layer for copper interconnects. In: *Journal of The Electrochemical Society*
       151 (2004), Nr. 12, S. C753–C756

[63]   KWON, Se-Hun ; KWON, Oh-Kyum ; KIM, Jae-Hoon ; JEONG, Seong-Jun ; KIM, Sung-Wook ;
       KANG, Sang-Won: Improvement of the morphological stability by stacking RuO[sub 2] on Ru
       thin films with atomic layer deposition. In: *Journal of The Electrochemical Society* 154 (2007),
       Nr. 9, S. H773–H777

[64]   KWON, Se-Hun ; KWON, Oh-Kyum ; KIM, Jin-Hyock ; OH, Heung-Ryong ; KIM, Kwang-Ho
       ; KANG, Sang-Won: Initial stages of ruthenium film growth in plasma-enhanced atomic layer
       deposition. In: *Journal of The Electrochemical Society* 155 (2008), Nr. 5, S. H296–H300

[65]   KWON, Se-Hun ; KWON, Oh-Kyum ; MIN, Jae-Sik ; KANG, Sang-Won: Plasma-enhanced atomic
       layer deposition of Ru–TiN thin films for copper diffusion barrier metals. In: *Journal of The
       Electrochemical Society* 153 (2006), Nr. 6, S. G578–G581

[66]   LANFORD, W. A. ; DING, P. J. ; WANG, Wei ; HYMES, S. ; MURARKA, S. P.: Alloying of copper
       for use in microelectronic metallization. In: *Materials Chemistry and Physics* 41 (1995), Nr. 3, S.
       192 – 198. – Copper Metallization for Future VLSI. – ISSN 0254–0584

[67]   LEHNINGER, D.: *Vergleich der Barrierewirkung von PVD, PECVD und PEALD Ru-Ta-N-
       Verbindungen gegen Cu-Diffusion auf Basis elektrischer Messungen*, TU Dresden, Diplomarbeit,
       2011

[68]   LIN, C. ; LEAU, W.: Copper-Silver alloy for advanced barrierless metallization. In: *Journal of
       Electronic Materials* 38 (2009), S. 2212–2221. – 10.1007/s11664-009-0904-2. – ISSN 0361–5235

[69] LIN, C.H. ; LEAU, W.K. ; WU, C.H.: The application of barrierless metallization in making copper alloy, Cu(RuHfN), films for fine interconnects. In: *Journal of Electronic Materials* 39 (2010), S. 2441–2447. – 10.1007/s11664-010-1300-7. – ISSN 0361–5235

[70] LIN, C.H. ; LEAU, W.K. ; WU, C.H.: High-performance copper alloy films for barrierless metallization. In: *Applied Surface Science* 257 (2010), Nr. 2, S. 553 – 557. – ISSN 0169–4332

[71] LISKE, R. ; WEHNER, S. ; PREUSSE, A. ; KUECHER, P. ; BARTHA, J. W.: Influence of additive coadsorption on copper superfill behavior. In: *Journal of The Electrochemical Society* 156 (2009), Nr. 12, S. H955–H960

[72] LISKE, Romy: *Die Kinetik der elektrochemischen Kupferabscheidung in Sub-100-nm-Strukturen*, TU Dresden, Diss., 2011

[73] LIU, C. J. ; CHEN, J. S.: High-temperature self-grown ZrO_2 layer against Cu diffusion at Cu(2.5 at.% Zr)/SiO_2 interface. In: *Journal of Vacuum Science and Technology B* 23 (2005), Nr. 1, S. 90–95. – ISSN 0734211X

[74] LLOYD, J.R. ; LANE, M.W. ; LINIGER, E.G. ; HU, C.-K. ; SHAW, T.M. ; ROSENBERG, R.: Electromigration and adhesion. In: *Device and Materials Reliability, IEEE Transactions on* 5 (2005), march, Nr. 1, S. 113 – 118. – ISSN 1530–4388

[75] MASSALSKI, T.B.: *Binary alloy phase diagrams, 2nd edition*. ASM International, 1990. – ISBN 978–0871704030

[76] MEHL, M. J. ; PAPACONSTANTOPOULOS, D. A.: Applications of a tight-binding total-energy method for transition and noble metals: Elastic constants, vacancies, and surfaces of monatomic metals. In: *Physical Review B* 54 (1996)

[77] MI, Zhou ; TAO, Chen ; JING-JING, Tan ; GUO-PING, Ru ; YU-LONG, Jiang ; RAN, Liu ; XIN-PING, Qu: Effect of pretreatment of TaN substrates on atomic layer deposition growth of Ru thin films. In: *Chinese Physics Letters* 24 (2007), Nr. 5, S. 1400–1403

[78] MIN, Kyung-Hoon ; CHUN, Kyu-Chang ; KIM, Ki-Bum: Comparative study of tantalum and tantalum nitrides (Ta_2N and TaN) as a diffusion barrier for Cu metallization. In: *Journal of Vacuum Science Technology B: Microelectronics and Nanometer Structures* 14 (1996), sep, Nr. 5, S. 3263 –3269. – ISSN 1071–1023

[79] MIN, Woo S. ; KIM, Dong J. ; PYO, Sung G. ; PARK, Sang J. ; CHOI, Jin T. ; KIM, Sibum: Mechanism of via failure in copper/organosilicate glass interconnects induced by oxidation. In: *Thin Solid Films* 515 (2007), Nr. 7?8, S. 3875 – 3880. – ISSN 0040–6090

[80] MOFFAT, T. P. ; WALKER, M. ; CHEN, P. J. ; BONEVICH, J. E. ; EGELHOFF, W. F. ; RICHTER, L. ; WITT, C. ; AALTONEN, T. ; RITALA, M. ; LESKELA, M. ; JOSELL, D.: Electrodeposition of Cu on Ru barrier layers for damascene processing. In: *Journal of The Electrochemical Society* 153 (2006), Nr. 1, S. C37–C50

[81] MORI, Kenichi ; OHMORI, Kazuyuki ; TORAZAWA, Naoki ; HIRAO, Shuji ; KANEYAMA, Syu-
      tetsu ; KOROGI, Hayato ; MAEKAWA, Kazuyoshi ; FUKUI, Shoichi ; TOMITA, Kazuo ; INOUE,
      Makoto ; CHIBAHARA, Hiroyuki ; IMAI, Yukari ; SUZUMURA, Naohito ; ASAI, Koyu ; KOJIMA,
      Masayuki: Effects of Ru-Ta alloy barrier on Cu filling and reliability for Cu interconnects. In:
      Interconnect Technology Conference, 2008. IITC 2008. International, 2008, S. 99 –101

[82] NEISHI, Koji ; AKI, Shiro ; MATSUMOTO, Kenji ; SATO, Hiroshi ; ITOH, Hitoshi ; HOSAKA,
      Shigetoshi ; KOIKE, Junichi: Formation of a manganese oxide barrier layer with thermal chemical
      vapor deposition for advanced large-scale integrated interconnect structure. In: *Applied Physics
      Letters* 93 (2008), Nr. 3, S. 032106. – ISSN 00036951

[83] NICOLET, M.-A.: Diffusion barriers in thin films. In: *Thin Solid Films* 52 (1978), Nr. 3, S. 415 –
      443. – ISSN 0040–6090

[84] NICOLLIAN, E. H. ; BREWS, J. R.: *MOS (Metal Oxide Semiconductor) Physics and Technology*.
      Wiley, 2002

[85] NIE, L. F. ; LI, X. N. ; CHU, J. P. ; WANG, Q. ; LIN, C. H. ; DONG, C.: High thermal stability and
      low electrical resistivity carbon-containing Cu film on barrierless Si. In: *Applied Physics Letters*
      96 (2010), Nr. 18, S. 182105. – ISSN 00036951

[86] NOGAMI, T. ; YANG, C.-C. ; ROSSNAGEL, S. ; PENNY, C. J. ; CANAPERI, D. ; KELLY, J. J.:
      Ionized-PVD stacked barrier structure of TaN/TaRu for 32nm BEOL integration. In: *Proc. of
      Advanced Metallization Conference 2008 (AMC 2008)*, 2009. – ISBN 978–1–60511–125–4, S.
      139–145

[87] OGAWA, Shinichi ; TARUMI, Nobuaki ; ABE, Mitsuhide ; SHIOHARA, Morio ; IMAMURA, Hiroki
      ; KONDO, Seiichi: Amorphous Ru / polycrystalline Ru highly reliable stacked layer barrier tech-
      nology. In: *Interconnect Technology Conference, 2008. IITC 2008. International*, 2008, S. 102
      –104

[88] OHOKA, Y. ; OHBA, Y. ; ISOBAYASHI, A. ; HAYASHI, T. ; KOMAI, N. ; ARAKAWA, S. ; KA-
      NAMURA, R. ; KADOMURA, S.: Integration of high performance and low cost Cu/ultra low-k
      SiOC(k=2.0) interconnects with self-formed barrier technology for 32nm-node and beyond. In:
      International Interconnect Technology Conference, IEEE 2007, 2007, S. 67 –69

[89] PARK, Jin-Seong ; PARK, Hyung-Sang ; KANG, Sang-Won: Plasma-enhanced atomic layer de-
      position of Ta-N thin films. In: *Journal of The Electrochemical Society* 149 (2002), Nr. 1, S.
      C28–C32

[90] PARK, Sang-Joon ; KIM, Woo-Hee ; LEE, Han-Bo-Ram ; MAENG, W.J. ; KIM, H.: Thermal
      and plasma enhanced atomic layer deposition ruthenium and electrical characterization as a metal
      electrode. In: *Microelectronic Engineering* 85 (2008), Nr. 1, S. 39 – 44. – ISSN 0167–9317

[91] PERNG, Dung-Ching ; HSU, Kuo-Chung ; TSAI, Shuo-Wen ; YEH, Jia-Bin: Thermal and electrical
      properties of PVD Ru(P) film as Cu diffusion barrier. In: *Microelectronic Engineering* 87 (2010),
      Nr. 3, S. 365 – 369. – ISSN 0167–9317

[92] PERNG, Dung-Ching ; YEH, Jia-Bin ; HSU, Kuo-Chung: Ru/WCoCN as a seedless Cu barrier system for advanced Cu metallization. In: *Applied Surface Science* 256 (2009), Nr. 3, S. 688 – 692. – ISSN 0169–4332

[93] PERNG, Dung-Ching ; YEH, Jia-Bin ; HSU, Kuo-Chung ; WANG, Yi-Chun: 5 nm amorphous boron and carbon added Ru film as a highly reliable Cu diffusion barrier. In: *Electrochemical and Solid-State Letters* 13 (2010), Nr. 8, S. H290–H293

[94] PROFIJT, H. B. ; POTTS, S. E. ; SANDEN, M. C. M. d. ; KESSELS, W. M. M.: Plasma-assisted atomic layer deposition: basics, opportunities, and challenges. In: *Journal of Vacuum Science and Technology A: Vacuum, Surfaces, and Films* 29 (2011), Nr. 5, S. 050801

[95] PRZEWLOCKI, H. M. ; MARCINIAK, W.: The triangular voltage sweep method as a tool in studies of mobile charge in MOS structures. In: *physica status solidi (a)* 29 (1975), Nr. 1, S. 265–274. – ISSN 1521–396X

[96] RADISIC, Aleksandar ; CAO, Yang ; TAEPHAISITPHONGSE, Premratn ; WEST, Alan C. ; SEARSON, Peter C.: Direct copper electrodeposition on TaN barrier layers. In: *Journal of The Electrochemical Society* 150 (2003), Nr. 5, S. C362–C367

[97] RADISIC, Aleksandar ; OSKAM, Gerko ; SEARSON, Peter C.: Influence of oxide thickness on nucleation and growth of copper on tantalum. In: *Journal of The Electrochemical Society* 151 (2004), Nr. 6, S. C369–C374

[98] RAGHAVAN, Gopal ; CHIANG, Chien ; ANDERS, Paul B. ; TZENG, Sing-Mo ; VILLASOL, Reynaldo ; BAI, Gang ; BOHR, Mark ; FRASER, David B.: Diffusion of copper through dielectric films under bias temperature stress. In: *Thin Solid Films* 262 (1995), Nr. 1-2, S. 168 – 176. – Copper-based Metallization and Interconnects for Ultra-large-scale Integration Applications. – ISSN 0040–6090

[99] REINICKE, M.: *Charakterisierung von MOS-Strukturen zur Beurteilung der Stabilität von ultradünnen TaSiN-Diffusionsbarrieren gegenüber der Diffusion von Kupfer*, TU Dresden, Diplomarbeit, 2003

[100] RULLAN, J. ; ISHIZAKA, T. ; CERIO, F. ; MIZUNO, S. ; MIZUSAWA, Y. ; PONNUSWAMY, T. ; REID, J. ; MCKERROW, A. ; YANG, Chih-Chao: Low resistance wiring and 2Xnm void free fill with CVD Ruthenium liner and DirectSeedTM copper. In: *Interconnect Technology Conference (IITC), 2010 International*, 2010, S. 1 –3

[101] SARI, Windu ; EOM, Tae-Kwang ; JEON, Chan-Wook ; SOHN, Hyunchul ; KIM, Soo-Hyun: Improvement of the diffusion barrier performance of Ru by incorporating a WN_x thin film for direct-plateable Cu interconnects. In: *Electrochemical and Solid-State Letters* 12 (2009), Nr. 7, S. H248–H251

[102] SCHMIDT, D. ; STREHLE, S. ; ALBERT, M. ; HENTSCH, W. ; BARTHA, J.W.: Top injection reactor tool with in situ spectroscopic ellipsometry for growth and characterization of ALD thin films. In: *Microelectronic Engineering* 85 (2008), Nr. 3, S. 527 – 533. – ISSN 0167–9317

[103] SEO, Soon-Cheon ; YANG, Chih-Chao ; YEH, Chun-Chen ; HARAN, B. ; HORAK, D. ; FAN, S. ; KOBURGER, C. ; CANAPERI, D. ; PAPA RAO, S.S. ; MONSIEUR, F. ; KNORR, A. ; KERBER, A. ; HU, Chao-Kun ; KELLY, J. ; VO, Tuan ; CUMMINGS, J. ; SMALLEYA, M. ; PETRILLO, K. ; MEHTA, S. ; SCHMITZ, S. ; LEVIN, T. ; PARK, Dae-Guy ; STATHIS, J.H. ; SPOONER, T. ; PARUCHURI, V. ; WYNNE, J. ; EDELSTEIN, D. ; MCHERRON, D. ; DORIS, B.: Copper contact metallization for 22 nm and beyond. In: *Interconnect Technology Conference, 2009. IITC 2009. IEEE International*, 2009, S. 8 –10

[104] SHACHAM-DIAMAND, Yosi ; ISRAEL, Barak ; SVERDLOV, Yelena: The electrical and material properties of MOS capacitors with electrolessly deposited integrated copper gate. In: *Microelectronic Engineering* 55 (2001), Nr. 1-4, S. 313 – 322. – ISSN 0167–9317

[105] SHARIQ, A. ; MUTAS, S. ; WEDDERHOFF, K. ; KLEIN, C. ; HORTENBACH, H. ; TEICHERT, S. ; K, P.: Investigations of field-evaporated end forms in voltage- and laser-pulsed atom probe tomography. In: *Ultramicroscopy* 109 (2009), Nr. 5, S. 472 – 479. – Proceedings of the 51th International Field Emission Symposium. – ISSN 0304–3991

[106] SHAW, T. M. ; JIMERSON, D. ; HADERS, D. ; MURRAY, C.E. ; GRILL, A. ; EDELSTEIN, D.C.: Moisture and oxygen uptake in low-k / Cu Interconnect structures. In: *Proc. of Advanced Metallization Conference 2003 (AMC 2003)*, 2003, S. 77

[107] SHIN, Jinhong ; WAHEED, Abdul ; WINKENWERDER, Wyatt A. ; KIM, Hyun-Woo ; AGAPIOU, Kyriacos ; JONES, Richard A. ; HWANG, Gyeong S. ; EKERDT, John G.: Chemical vapor deposition of amorphous ruthenium-phosphorus alloy films. In: *Thin Solid Films* 515 (2007), Nr. 13, S. 5298 – 5307. – ISSN 0040–6090

[108] STANGL, Marcel: *Charakterisierung und Optimierung elektrochemisch abgeschiedener Kupferdünnschichtmetallisierungen für Leitbahnen höchstintegrierter Schaltkreise*, TU Dresden, Diss., 2007

[109] STREHLE, S. ; SCHUMACHER, H. ; SCHMIDT, D. ; KNAUT, M. ; ALBERT, M. ; BARTHA, J.W.: Effect of wet chemical substrate pretreatment on the growth behavior of Ta(N) films deposited by thermal ALD. In: *Microelectronic Engineering* 85 (2008), Nr. 10, S. 2064 – 2067. – ISSN 0167–9317

[110] SUZUMURA, N. ; YAMAMOTO, S. ; KODAMA, D. ; MAKABE, K. ; KOMORI, J. ; MURAKAMI, E. ; MAEGAWA, S. ; KUBOTA, K.: A new TDDB degradation model based on Cu ion drift in Cu interconnect dielectrics. In: *Reliability Physics Symposium Proceedings, 2006. 44th Annual., IEEE International*, 2006, S. 484 –489

[111] SUZUMURA, N. ; YAMAMOTO, S. ; KODAMA, D. ; MIYAZAKI, H. ; OGASAWARA, M. ; KOMORI, J. ; MURAKAMI, E.: Electric-field and temperature dependencies of TDDB degradation in Cu/Low-K damascene structures. In: *Reliability Physics Symposium, 2008. IRPS 2008. IEEE International*, 2008, S. 138 –143

[112] TAN, Cher M. ; ROY, Arijit: Electromigration in ULSI interconnects. In: *Materials Science and Engineering: R: Reports* 58 (2007), Nr. 1-2, S. 1 – 75. – ISSN 0927–796X

[113] TAN, Jing-Jing ; QU, Xin-Ping ; XIE, Qi ; ZHOU, Yi ; RU, Guo-Ping: The properties of Ru on Ta-based barriers. In: *Thin Solid Films* 504 (2006), Nr. 1-2, S. 231 – 234. – ISSN 0040–6090

[114] TOKEI, Zsolt ; CROES, Kristof ; BEYER, Gerald P.: Reliability of copper low-k interconnects. In: *Microelectronic Engineering* 87 (2010), Nr. 3, S. 348 – 354. – Materials for Advanced Metallization 2009, Proceedings of the eighteenth European Workshop on Materials for Advanced Metallization 2009. – ISSN 0167–9317

[115] TORAZAWA, N. ; HINOMURA, T. ; MORI, K. ; KOYAMA, Y. ; HIRAO, S. ; KOBORI, E. ; KOROGI, H. ; MAEKAWA, K. ; TOMITA, K. ; CHIBAHARA, H. ; SUZUMURA, N. ; ASAI, K. ; MIYATAKE, H. ; MATSUMOTO, S.: Effects of N doping in Ru-Ta alloy barrier on film property and reliability for Cu interconnects. In: *Interconnect Technology Conference, 2009. IITC 2009. IEEE International*, 2009, S. 113 –115

[116] TSAI, M. H. ; SUN, S. C. ; TSAI, C. E. ; CHUANG, S. H. ; CHIU, H. T.: Comparison of the diffusion barrier properties of chemical-vapor-deposited TaN and sputtered TaN between Cu and Si. In: *Journal of Applied Physics* 79 (1996), Nr. 9, S. 6932. – ISSN 00218979

[117] USUI, T. ; NASU, H. ; TAKAHASHI, S. ; SHIMIZU, N. ; NISHIKAWA, T. ; YOSHIMARU, M. ; SHIBATA, H. ; WADA, M. ; KOIKE, J.: Highly reliable copper dual-damascene interconnects with self-formed $MnSi_xO_y$ barrier Layer. In: *Electron Devices, IEEE Transactions on* 53 (2006), oct., Nr. 10, S. 2492 –2499. – ISSN 0018–9383

[118] USUI, T. ; TSUMURA, K. ; NASU, H. ; HAYASHI, Y. ; MINAMIHABA, G. ; TOYODA, H. ; SAWADA, H. ; ITO, S. ; MIYAJIMA, H. ; WATANABE, K. ; SHIMADA, M. ; KOJIMA, A. ; UOZUMI, Y. ; SHIBATA, H.: High performance ultra low-k (k=2.0/keff=2.4)/Cu dual-damascene interconnect technology with self-formed $MnSi_xO_y$ barrier layer for 32 nm-node. In: *Interconnect Technology Conference, 2006 International*, 2006, S. 216 –218

[119] VANYPRE, T. ; CORDEAU, M. ; MOURIER, T. ; BESLING, W.F.A. ; DUPUY, J-C. ; TORRES, J.: Correlation between electromigration and Cu-contact angle after de-wetting. In: *Microelectronic Engineering* 83 (2006), Nr. 11-12, S. 2373 – 2376. – Materials for Advanced Metallization (MAM 2006). – ISSN 0167–9317

[120] VOLDERS, H. ; RICHARD, O. ; CARBONELL, L. ; PALMANS, R. ; VERDONCK, P. ; HEYLEN, N. ; KELLENS, K. ; ARMINI, S. ; BENDER, H. ; ZHAO1, L. ; TÖKEI, Zs.: Cu(Mn) seed layers in single damascene trenches with dimensions down to 30 nm. In: *Proc. of Advanced Metallization Conference 2008 (AMC 2008)*, 2009. – ISBN 978–1–60511–125–4, S. 237–242

[121] WAECHTLER, Thomas ; DING, Shao-Feng ; HOFMANN, Lutz ; MOTHES, Robert ; XIE, Qi ; OSWALD, Steffen ; DETAVERNIER, Christophe ; SCHULZ, Stefan E. ; QU, Xin-Ping ; LANG, Heinrich ; GESSNER, Thomas: ALD-grown seed layers for electrochemical copper deposition integrated with different diffusion barrier systems. In: *Microelectronic Engineering* 88 (2011), Nr. 5, S. 684 – 689. – The 2010 International workshop on Materials for Advanced Metallization - MAM 2010. – ISSN 0167–9317

[122] WATANABE, T. ; NASU, H. ; MINAMIHABA, G. ; KURASHIMA, N. ; GAWASE, A. ; SHIMADA, M.
      ; YOSHIMIZU, Y. ; UOZUMI, Y. ; SHIBATA, H.: Self-formed barrier technology using CuMn alloy
      seed for copper dual-damascene interconnect with porous-SiOC/porous-PAr hybrid dielectric. In:
      International Interconnect Technology Conference, IEEE 2007, 2007, S. 7 –9

[123] WEI, Wei ; PARKER, S. L. ; SUN, Y.-M. ; WHITE, J. M. ; XIONG, Gang ; JOLY, Alan G. ;
      BECK, Kenneth M. ; HESS, Wayne P.: Study of copper diffusion through a ruthenium thin film by
      photoemission electron microscopy. In: *Applied Physics Letters* 90 (2007), mar, Nr. 11, S. 111906
      –111906–3. – ISSN 0003–6951

[124] WILLIS, Brian G. ; LANG, David V.: Oxidation mechanism of ionic transport of copper in SiO_2
      dielectrics. In: *Thin Solid Films* 467 (2004), Nr. 1-2, S. 284 – 293. – ISSN 0040–6090

[125] WILSON, Christopher J. ; ZHAO, Chao ; VOLDERS, Henny ; ZHAO, Larry ; CROES, Kristof ;
      T, Zsolt: Texture characterization of Cu interconnects with different Ta-based sidewall diffusion
      barriers. In: *Microelectronic Engineering* 88 (2011), Nr. 5, S. 656 – 660. – ISSN 0167–9317

[126] WOJCIK, H.: *Herstellung, Charakterisierung und Vergleich von Tantalnitrid-Barrieren auf ALD-
      Basis*, TU Dresden, Diplomarbeit, 2006

[127] WOJCIK, H. ; FRIEDEMANN, M. ; FEUSTEL, F. ; ALBERT, M. ; OHSIEK, S. ; METZGER, J. ;
      VOSS, J. ; BARTHA, J.W. ; WENZEL, C.: A comparative study of thermal and plasma enhanced
      ALD Ta-N-C films on SiO2, SiCOH and Cu substrates. In: *International Interconnect Technology
      Conference, IEEE 2007*, 2007, S. 19 –21

[128] WOJCIK, H. ; JUNIGE, M. ; BARTHA, W. ; ALBERT, M. ; NEUMANN, V. ; MERKEL, U. ; PEEVA,
      A. ; GLUCH, J. ; MENZEL, S. ; MUNNIK, F. ; LISKE, R. ; UTESS, D. ; RICHTER, I. ; KLEIN,
      C. ; ENGELMANN, H. J. ; HO, P. ; HOSSBACH, C. ; WENZEL, C.: Physical Characterization of
      PECVD and PEALD Ru(-C) Films and Comparison with PVD Ruthenium Film Properties. In:
      Journal of The Electrochemical Society 159 (2012), Nr. 2, S. H166–H176

[129] WOJCIK, H. ; KALTOFEN, R. ; KRIEN, C. ; MERKEL, U. ; WENZEL, C. ; BARTHA, J.W. ; FRIE-
      DEMANN, M. ; ADOLPHI, B. ; LISKE, R. ; NEUMANN, V. ; GEIDEL, M.: Investigations on Ru-Mn
      films as plateable Cu diffusion barriers. In: *Interconnect Technology Conference and 2011 Mate-
      rials for Advanced Metallization (IITC/MAM), 2011 IEEE International*, 2011. – ISSN pending,
      S. 1 –3

[130] WOJCIK, H. ; KALTOFEN, R. ; MERKEL, U. ; KRIEN, C. ; STREHLE, S. ; GLUCH, J. ; KNAUT,
      M. ; WENZEL, C. ; PREUSSE, A. ; BARTHA, J.W. ; GEIDEL, M. ; ADOLPHI, B. ; NEUMANN, V. ;
      LISKE, R. ; MUNNIK, F.: Electrical Evaluation of Ru-W(-N), Ru-Ta(-N) and Ru-Mn films as Cu
      diffusion barriers. In: *Microelectronic Engineering* 92 (2012), Nr. 0, S. 71 – 75. – 27th Annual
      Advanced Metallization Conference 2010

[131] WOJCIK, H. ; MERKEL, U. ; JAHN, A. ; RICHTER, K. ; JUNIGE, M. ; KLEIN, C. ; GLUCH, J. ;
      ALBERT, M. ; MUNNIK, F. ; WENZEL, C. ; BARTHA, J.W.: Comparison of PVD, PECVD and
      PEALD Ru(-C) films as Cu diffusion barriers by means of bias temperature stress measurements.

In: *Microelectronic Engineering* 88 (2011), Nr. 5, S. 641 – 645. – The 2010 International workshop on Materials for Advanced Metallization - MAM 2010. – ISSN 0167–9317

[132] WOJCIK, Henry ; HOSSBACH, Christoph ; BARTHA, Johann W. ; STREHLE, Steffen: Enabling thermal ALD of TaN(C) for Cu/low-k interconnects. In: *Materials for Advanced Metallization Conference (MAM)*, 2012

[133] WOJCIK, Henry ; LEHNINGER, David ; NEUMANN, Volker ; BARTHA, Johann W.: Characterization of barrier and seed layer integrity for copper interconnects. In: *Semiconductor Conference Dresden (SCD), 2011*, 2011, S. 1 –5

[134] WOJCIK, Henry ; MERKEL, Ulrich ; BARTHA, Johann ; LI, Jianhang ; LEHNINGER, David ; EN-GELMANN, Hans-Jürgen ; POPATOV, Pavel ; GLUCH, Jürgen ; ADOLPHI, Barbara ; NEUMANN, Volker ; LISKE, Romy ; WENZEL, Christian ; KNAUT, Martin: Comparison of PVD, PECVD and PEALD Ru-TaN films with high Ru concentration for direct Cu plating. In: *Advanced Metallization Conference 2011 (AMC 2011)*, 2011

[135] WOJCIK, Henry ; MERKEL, Ulrich ; KRIEN, Cornelia ; BARTHA, Johann W. ; KNAUT, Martin ; GEIDEL, Marion ; ADOLPHI, Barbara ; NEUMANN, Volker ; WENZEL, Christian ; BENDLIN, Marion ; RICHTER, Karola ; MAKHAROV, Denis: Characterization of Ru-Mn composite films for ULSI interconnects. In: *Microelectronic Engineering* XX (2012), Nr. XX, S. XX. – ISSN XX

[136] WOJCIK, Henry ; STREHLE, Steffen ; KNAUT, Martin ; KALTOFEN, Rainer ; MERKEL, Ulrich ; PLETEA, Jian H. ; FIERING, Ina ; WENZEL, Christian ; HIEMANN, Heidrun ; BARTHA, Johann ; PREUSSE, Axel: Cu Alloy and Cu Bilayer Adhesion Studies on PEALD Ta-C-N Using Al, Ag, Ru and Ta. In: *Proc. of Advanced Metallization Conference 2008 (AMC 2008)*, 2009. – ISBN 978–1–60511–125–4, S. 373–379

[137] WORCH, H. ; POMPE, W. ; SCHATT, W.: *Werkstoffwissenschaft (Zehnte, vollständig überarbeitete Auflage)*. Wiley-VCH, S. 299, 2011 ISSN 978–3–527–32323–4

[138] WU, Hui-Jung ; GOPINATH, S. ; JOW, K. ; KUO, E. ; LU, V. ; PARK, Kie-Jin ; SHAVIV, R. ; MOUNTSIER, T. ; DIXIT, G.: Process integration of iALD TaN for advanced Cu interconnects. In: *Interconnect Technology Conference and 2011 Materials for Advanced Metallization (IITC/MAM), 2011 IEEE International*, 2011. – ISSN pending, S. 1 –3

[139] WU, L. ; EISENBRAUN, E.: Integration of atomic layer deposition-grown copper seed layers for Cu electroplating applications. In: *Journal of The Electrochemical Society* 156 (2009), Nr. 9, S. H734–H739

[140] WU, Y. Y. ; KOHN, A. ; EIZENBERG, M.: Structures of ultra-thin atomic-layer-deposited TaN_x films. In: *Journal of Applied Physics* 95 (2004), Nr. 11, S. 6167–6174

[141] XIE, Qi ; JIANG, Yu-Long ; MUSSCHOOT, Jan ; DEDUYTSCHE, Davy ; DETAVERNIER, Christophe ; MEIRHAEGHE, Roland L. V. ; BERGHE, Sven V. ; RU, Guo-Ping ; LI, Bing-Zong ; QU, Xin-Ping: Ru thin film grown on TaN by plasma enhanced atomic layer deposition. In: *Thin Solid Films* 517 (2009), Nr. 16, S. 4689 – 4693. – ISSN 0040–6090

[142] YANG, C.-C. ; COHEN, S. ; SHAW, T. ; WANG, P.-C. ; NOGAMI, T. ; EDELSTEIN, D.: Characterization of „ultrathin-Cu"/Ru(Ta)/TaN liner stack for copper interconnects. In: *Electron Device
Letters, IEEE* 31 (2010), july, Nr. 7, S. 722 –724. – ISSN 0741–3106

[143] YANG, C.-C. ; LI, B. ; SEO, S.-C. ; MOLIS, S. ; EDELSTEIN, D.: Evaluation of direct Cu electroplating on Ru: feature fill, parametric, and reliability. In: *Electron Device Letters, IEEE* 32
(2011), feb., Nr. 2, S. 200 –202. – ISSN 0741–3106

[144] YANG, C.-C. ; SPOONER, T. ; PONOTH, S. ; CHANDA, K. ; SIMON, A. ; LAVOIE, C. ; LANE, M. ;
HU, C.-K. ; LINIGER, E. ; GIGNAC, L. ; SHAW, T. ; COHEN, S. ; MCFEELY, F. ; EDELSTEIN, D.:
Physical, electrical, and reliability characterization of Ru for Cu interconnects. In: *Interconnect
Technology Conference, 2006 International*, 2006, S. 187 –190

[145] YANG, C.-C. ; WITT, C. ; WANG, P.-C. ; EDELSTEIN, D. ; ROSENBERG, R.: Stress control
during thermal annealing of copper interconnects. In: *Applied Physics Letters* 98 (2011), Nr. 5, S.
051911. – ISSN 00036951

[146] YIM, Sung-Soo ; LEE, Do-Joong ; KIM, Ki-Su ; KIM, Soo-Hyun ; YOON, Tae-Sik ; KIM, Ki-
Bum: Nucleation kinetics of Ru on silicon oxide and silicon nitride surfaces deposited by atomic
layer deposition. In: *Journal of Applied Physics* 103 (2008), Nr. 11, S. 113509. – ISSN 00218979

[147] ZHANG, Min ; CHEN, Wei ; DING, Shi-Jin ; WANG, Xin-Peng ; ZHANG, David W. ; WANG, Li-
Kang: Investigation of atomic-layer-deposited ruthenium nanocrystal growth on SiO2 and Al2O3
films. In: *Journal of Vacuum Science and Technology A* 25 (2007), Nr. 4, S. 775–780. – ISSN
07342101

[148] ZHAO, L. ; TÖKEI, Z. ; GISCHIA, G.G. ; VOLDERS, H. ; BEYER, G.: A new perspective of barrier
material evaluation and process optimization. In: *Interconnect Technology Conference, 2009. IITC
2009. IEEE International*, 2009

[149] ZHAO, Larry ; TÖKEI, Zsolt ; CROES, Kristof ; WILSON, Christopher J. ; BAKLANOV, Mikhail ;
BEYER, Gerald P. ; CLAEYS, Cor: Direct observation of the 1/E dependence of time dependent
dielectric breakdown in the presence of copper. In: *Applied Physics Letters* 98 (2011), Nr. 3, S.
032107. – ISSN 00036951

Abbildungsverzeichnis

Tabellenverzeichnis

Anhang

Tabelle 7.1: Prozessparameter zur Herstellung ausgewählter PVD-Ru-Kompositschichten mittels Co-Sputtern. Ru-Ta(N): Co-sputtern im Drehbetrieb, Ru-W(N): paralleles Co-Sputtern der Targets.

Barriereschicht (Bezeichnung laut Sputterrate)	P_{Ru} (DC) [W]	P_{Ta} (HF) / P_W (HF) [W]	Ar-Fluss [sccm]	N_2-Fluss [sccm]	p_{ges} [10^{-3}mbar]	Rate [nm/min]
Ru (stationär)	200	0	13	0	2	28
$Ru_{90}-Ta_{10}$	500	300	25	0	4.9	12,5
$Ru_{96}-TaN_4$	500	300	50	5	9.8	10
$Ru_{92}-TaN_8$	230	300	50	5	9.7	4,5
$Ru_{90}-TaN_{10}$	500	300	50	5	11	10
$Ru_{65}-TaN_{35}$	500	1000	50	5	11	15
$Ru_{50}-TaN_{50}$	400	1000	50	5	11	12,5
$Ru_{50}-Ta_{50}$	300	950	25	0	4,9	15
$Ru_{35}-TaN_{65}$	300	1000	50	5	11	11,5
$Ru_{90}-W_{10}$	273	10	10	0	1	
$Ru_{75}-W_{25}$	200	12	10	0	1	
$Ru_{50}-W_{50}$	200	60	10	0	1	
$Ru_{50}-W_{40}N_{10}$	200	60	8	2	1	
$Ru_{25}-W_{75}$	100	46	10	0	1	

Tabelle 7.2: XPS- und RBS-Daten ausgewählter PVD-Ru-Kompositschichten

Barriereschicht (Bezeichnung laut Sputterrate)	Argon-Sputter-Reinigg., Tiefenprofil in min.	N in at.-% N1s XPS (RBS-Wert)	Ta in at.-% Ta4f XPS (RBS-Wert)	W in at.-% W4f XPS (RBS-Wert)	Ru in at.-% Ru3p1 XPS (RBS-Wert)
$Ru_{90}-Ta_{10}$	8		5		95
$Ru_{96}-TaN_4$	8	2	3		95
$Ru_{92}-TaN_8$	8	4	6		90
$Ru_{90}-TaN_{10}$	8	4	13		83
$Ru_{65}-TaN_{35}$	2	7 (17)	19 (18)		65 (65)
$Ru_{50}-TaN_{50}$	2	8	24		51
$Ru_{50}-Ta_{50}$	2		47		53
$Ru_{35}-TaN_{65}$	2	10	28		35
$Ru_{90}-W_{10}$	2			5	95
$Ru_{75}-W_{25}$	2			77	23
$Ru_{50}-W_{50}$	2			53	47
$Ru_{50}-W_{40}N_{10}$	8	(7)		(32)	(59)
$Ru_{25}-W_{75}$	2			22	78

Tabelle 7.3: Ausgewählte Parameter der verwendeten PECVD-Prozesse zur Abscheidung von RuTaNC

Material	Temperatur [°C]	Druck [Pa]	Plasma-Leistung [W]	Gasflüsse H_2 N_2 Ar TG [sccm]	Abscheiderate [nm/min]
TaNC	280	120	400	400 0 100 85	0,63
Ru-C	280	120	500	300 100 100 85	0,77

Tabelle 7.4: Ausgewählte Parameter der verwendeten PEALD Prozesse zur Abscheidung von RuTaNC

Material	Temperatur [°C]	Druck [Pa]	Plasma-Leistung [W]	Gasflüsse H_2 N_2 Ar TG [sccm]	Pulsdauer S1/S2/S3/S4 [s]
TaNC	280	120	400	400 0 1000 85	3 / 5 / 30 / 5
Ru-C	280	120	500	300 100 100 85	5 / 10 / 15 / 10

Tabelle 7.5: Prozessparameter zur Herstellung ausgewählter PVD-Ru-Mn-Kompositschichten mittels Co-Sputtern.

Barriereschicht (Bezeichnung laut Sputterrate)	P_{Ru} (DC) [W]	P_{Mn} (HF) [W]	Ar-Fluss [sccm]	N_2-Fluss [sccm]	p_{ges} [10^{-3}mbar]	Rate [nm/min]
$Ru_{85} - Mn_{15}$	66	50	10	0	1	5,4
$Ru_{90} - Mn_{10}$	107	50	10	0	1	7,9
$Ru_{95} - Mn_5$	153	50	10	0	1	10,9
$Ru_{97} - Mn_3$	120	30	10	0	1	7,8
$Ru_{99} - Mn_1$	364	30	10	0	1	23

Tabelle 7.6: Chemische Zusammensetzung der untersuchten Ru-Mn-Schichten

Ru-Komposit (Bezeichnung laut extrapolierter Sputterrate)	Mn-Anteil (XPS-Signal Mn2p) [at.-%]	Ru-Anteil (XPS-Signal Ru3p) [at.-%]
Ru	0	100
$Ru_{99} - Mn_1$	1,3	98,7
$Ru_{97} - Mn_3$	3	97
$Ru_{95} - Mn_5$	6,2	93,8
$Ru_{90} - Mn_{10}$	11,8	88,2
$Ru_{85} - Mn_{15}$	16	84

Tabelle 7.7: Ausgewählte Parameter der verwendeten thermischen ALD-Prozesse zur Abscheidung von
TaNC

	Thermische ALD I	Thermische ALD II
Präkursor	PDMAT, 500 sccm	TBTDET, 100 sccm
Reduktionsmittel	NH_3, 1500 sccm	NH_3, 100 sccm
Plasma / Leistung	-	-
Spülgas	Ar, 3000 sccm	Ar, 1000 sccm + N_2, 100 sccm
Temperatur	275 °C	300 °C
Druck	4 mbar	2 mbar
Teilzyklendauern in s	-	7 / 5 / 15 / 10
Zyklendauer gesamt	4 s	37 s
Quelle	[126, 127, 140]	[89]

Tabelle 7.8: Ausgewählte Parameter der verwendeten PEALD-Prozesse zur Abscheidung von TaNC

	PEALD I	PEALD II	PEALD III
Precursor	TBTDET, 85 sccm	TBTDET, 500 sccm	PDMAT 500 sccm
Reduktionsmittel	H- Radikale, Ar-Ionen, 400 / 1000 sccm	H- Radikale, Ar-Ionen, 200 / 800 sccm	H-Radikale
Plasma / Leistung	400-600 W	50-450 W	remote-Plasma
Spülgas	Ar, 1000 sccm	Ar, 800 sccm	Ar, 3000 sccm
Temperatur	290 °C	305 °C	275 °C
Druck	1.2 mbar	1.25 mbar	4 mbar
Teilzyklendauern in s	5 / 5 / 30 / 3	-	-
Zyklendauer in s	43	4	4
Referenz	[38, 89]	[126, 127]	[49]

Danksagung

Es gibt die schwärmerische und die tätige Liebe. Die schwärmerische Liebe lechzt nach einer augenblicklichen Tat, die schnell vollbracht und von allen bewundert werden kann. In diesem Fall kann es dahin kommen, dass man sogar das Leben opfern will wenn es nur nicht lange dauert, sondern möglichst rasch, wie auf der Bühne, vor sich geht und von allen gesehen und gelobt wird. Die tätige Liebe dagegen ist Arbeit und Ausdauer und für manche vielleicht eine ganze Wissenschaft.

Fjodor Dostojewski, *Die Gebrüder Karamasow*

Den glücklichen Umstand, für volle fünf Jahre der Natur „in die Karten geschaut" und von ihrer Mannigfaltigkeit ein kleines Stück aufgedeckt zu haben verdanke ich in erster Linie dem Institut für Halbleitertechnik (IHM) als Ganzes. Der in jeder Hinsicht kollegiale Umgang und die stetige Hilfsbereitschaft aller Mitarbeiter machten dies überhaupt nur möglich.

Prof. Dr. Johann W. Bartha danke ich für das langjährige Vertrauen in meine Arbeit und die zahlreichen Gelegenheiten, deren Ergebnisse auch international präsentieren zu können, sowie für die Betreuung der Doktorarbeit selbst.

Dr. Christian Wenzel und Dr. Volker Neumann danke ich sehr herzlich für ihre vielen Anregungen und fachlichen Diskussionen, das aufmerksame Lektorat und nicht zuletzt für ihre Unnachgiebigkeit in „gewissen Dingen", die für einen Wissenschaftler sozusagen zum guten Ton gehören.

Dr. Steffen Strehle, Dr. Barbara Adolphi, Martin Knaut, Marion Geidel und Zulfija Ritter danke ich für die vielen aufwendigen und stets sehr sorgfältig durchgeführten XPS- und AFM-Messungen.

Ulrich Merkel und Dr. Christoph Klaus schulde ich dank für viele Dünnschichtabscheidungen und Probenpräparationen, ebenso Dr. Karola Richter und Andre Hiess.

Andreas Jahn, Marion Bendlin, Heidrun Hiemann und Christoph Kubasch danke ich für ihren tollen Einsatz in der Lithographie.

Dr. Matthias Albert, Christoph Hossbach und Eckehard Kellner gilt mein Dank für die jahrelange Unterstützung an der MOCVD-Anlage mit all ihren „Besonderheiten".

Dr. Rainer Kaltofen und Cornelia Krien am Leibnizinstitut für Werkstoffforschung (IFW) habe ich sehr zu danken für die Bereitschaft, neuartige Ru-Schichten mittels Co-Sputtern herzustellen, die die Grundlage für viele Untersuchungen darstellten.

Dr. Jürgen Gluch und Dr. Siegfried Menzel vom IFW danke ich für die schönen TEM-Bilder und XRD-Messungen.

Dr. Marion Bertram und Kay Viehweger bin ich für die Arbeit am Rasterelektronenmikroskop zu Dank verpflichtet.

Ein besonderer Dank geht an das MaLab-Team bei AMD/ Globalfoundries, vor allem Dr. Ehrenfried Zschech, Dr. Hans-Jürgen Engelmann, Dirk Utess, Inka Richter, Dr. Rene Hübner, Anita Peeva, Dr. Christoph Klein, Dr. Michael Hecker, Sven Niese, u. a. Kollegen für ihre zahlreichen TEM-Analysen, EELS-, EDX-, XRD-, ToF-SIMS- und 3D-atomprobe-Messungen im Rahmen der KUWANO- und NOLIMIT-Projekte. Für fachliche Unterstützung danke ich Dr. Axel Preusse und Michael Friedemann.

Dr. Frans Munnik am Forschungszentrum Rossendorf danke ich für die RBS- und ERDA-Messungen.

Dr. Romy Liske danke ich für zahlreiche Cu-Beschichtungen am Fraunhofer CNT.

Meinen Studenten David Lehninger, Marcel Junige und Jianhang Li möchte ich für ihre fleißigen Studien- und Diplomarbeiten danken.

Eigenständigkeitserklärung

Hiermit erkläre ich, dass ich die von mir am heutigen Tag dem Prüfungsausschuss der Fakultät Elektrotechnik und Informationstechnik eingereichte Doktorarbeit zum Thema:

Untersuchungen zur Anwendbarkeit Ruthenium-basierter Schichten für die Verdrahtung integrierter Schaltkreise

vollkommen selbstständig verfasst und keine anderen als die angegebenen Quellen und Hilfsmittel benutzt sowie Zitate kenntlich gemacht habe.

Dresden, den 17.4.2012

Henry Wojcik

Lebenslauf

1986-1998:   Polytechnische Oberschule in Dresden, Gymnasium Dippoldiswalde

09/98 bis 02/00:   Bundeswehr

10/00 bis 11/06:   Studium an der Technischen Universität Dresden,

Studiengang Elektrotechnik, Spezialisierung Mikroelektronik

am Institut für Halbleiter- und Mikrosystemtechnik (IHM)

03/03 bis 08/04:   Fraunhofer Institut für Photonische Mikrosysteme, IPMS, Dresden

04/04 bis 10/04:   Studienarbeit „Atomic Layer Deposition (ALD) von HfO_2", TU Dresden

12/04 bis 05/05:   Ioffe Institut, Russische Akademie der Wissenschaften,

Abt. für amorphe Halbleiter, St.Petersburg

01/06 bis 10/06:   Praktikum und Diplomarbeit bei

AMD Fab 36 GmbH, Advanced Micro Devices Inc., Dresden

Thema: „Herstellung, Charakterisierung und Vergleich

von Tantalnitrid-Barrieren auf ALD-Basis"

seit 11/06:   Wissenschaftler am IHM, Forschungstätigkeit Chipfertigung BEoL

u.a. Projekte Kuwano / Nolimit mit AMD bzw. Globalfoundries,

E-Learning Projekt „3D-Unterrichtsmaterialien für die Ausbildung von

Studenten in der Fachrichtung Mikroelektronik an der TUD"